Piyusha Singh
Naveen K.R. Singh

Avaliação da variação morfológica e molecular do grama-preto

Piyusha Singh
Naveen K.R. Singh

Avaliação da variação morfológica e molecular do grama-preto

ScienciaScripts

Imprint

Cover image: www.ingimage.com

This book is a translation from the original published under ISBN 978-3-659-85660-0.

Publisher:
Sciencia Scripts
is a trademark of
Dodo Books Indian Ocean Ltd. and OmniScriptum S.R.L publishing group

120 High Road, East Finchley, London, N2 9ED, United Kingdom
Str. Armeneasca 28/1, office 1, Chisinau MD-2012, Republic of Moldova, Europe
Managing Directors: Ieva Konstantinova, Victoria Ursu
info@omniscriptum.com

Printed at: see last page
ISBN: 978-620-8-60335-9

Índice:

Capítulo 1 3

Capítulo 2 4

Capítulo 3 11

Capítulo 4 17

Capítulo 5 35

"AVALIAÇÃO DA VARIAÇÃO MORFOLÓGICA E MOLECULAR EM ALGUMAS LINHAS DE ELITE DE GRAMA-PRETA (*Vigna mungo* (L.) Hepper)".

Por

PIYUSHA SINGH

Capítulo 1

INTRODUÇÃO

A grama-preta (*Vigna mungo* (L.) Hepper.), 2n=2x=22) é uma das leguminosas mais importantes da Índia. É popularmente conhecida como feijão-urd ou puré. Trata-se de uma leguminosa de grão que se crê ter sido domesticada a partir de *V. mungo var. silvestris.* A grama-preta é cultivada em *kharif* (estação das chuvas), *rabi* e *zaid* (primavera e verão), o que mostra que pode ser cultivada em diferentes estações ou em todas as estações. A grama-preta é amplamente cultivada no subcontinente indiano.

Os caules verdes, os caules secos e as folhas são utilizados como forragem. As sementes são cozidas inteiras ou depois de divididas e consumidas como *dahl* ou moídas para preparar bolas, *bari, pakori* e *papad.* A grama-preta necessita de mais água do que o feijão-mungo. O Blackgram é prescrito como medicamento, tanto externa como internamente, para a paralisia, reumatismo e infeção do sistema nervoso.

Rao *et al.* (1964) referiram que a composição proteica (%) e de aminoácidos (g/16gN) do grama-preta era a seguinte: proteína (24), lisina (6,0), cistina (0,7), metionina (1,1), teronina (4,3) e triptofano (0,5). Sugere-se que todos os materiais de pré-libertação sejam submetidos a análises como o teor de proteínas, o teor de metionina, a qualidade de cozedura, as sementes duras e a recuperação *do dhal.*

Em toda a Índia, a área, a produção e o rendimento do feijão-urd em 2004-05 são de 3,17 milhões de hectares, 1,33 milhões de toneladas e 419 kg/ha, respetivamente. Maharashtra ocupa a maior área (0.608m ha) no país, seguido por Andhra Pradesh (0.578m ha) e Madhya Pradesh (0.492m ha), mas a produção de feijão de urdidura é mais alta em Andhra Pradesh (0.337m toneladas), seguido por Maharashtra (0.299m toneladas), U.P. (0.169m toneladas) e M.P. (0.157m toneladas). A produtividade por hectare é mais elevada em Bengala Ocidental (637 kg/ha), seguida de Andhra Pradesh (577,8 kg/ha) e Maharashtra (488,8 kg/ha).

Os principais constrangimentos à obtenção de maior rendimento de blackgram são a falta de variabilidade genética, a ausência de genótipos adequados para diferentes sistemas de cultivo, o fraco índice de colheita e a suscetibilidade a doenças. Por conseguinte, é necessário desenvolver cultivares melhoradas de blackgram utilizando a diversidade genética disponível.

Para uma utilização eficiente da variabilidade genética, no programa de melhoramento de plantas, é necessário avaliar a diversidade genética e construir mapas de ligação **(Paterson *et al.* 1991)**. No entanto, para medir a relação e a diversidade genéticas, é necessário um grande número de marcadores polimórficos fiáveis, mas a utilização de caracteres morfológicos e isozimas fornece informações limitadas devido ao seu número limitado e níveis adequados. Os marcadores genéticos moleculares tornaram-se um instrumento poderoso para analisar a relação genética e a diversidade genética.

O estudo de presença foi conduzido para investigar a diferenciação morfológica entre uma série de selecções derivadas do método de pedigree de melhoramento do feijão-urd. O presente estudo foi realizado com os seguintes objectivos

OBJECTIVOS

- Avaliação da variação genética entre algumas linhas selecionadas de grama preta derivadas de gerações segregantes avançadas (F5 e F6) de combinações de cruzamentos iguais e diferentes.
- Análise molecular de similaridade ou dissimilaridade utilizando a técnica RAPD.

Capítulo 2

REVISÃO DA LITERATURA

A literatura pertinente relativa a vários aspectos do presente estudo foi revista a fim de se obter uma compreensão aprofundada do assunto e foi descrita nas rubricas seguintes:

2.1 Coeficientes de correlação

2.2 Variabilidade

2.3 Análise RAPD

2.1 Coeficientes de correlação

O coeficiente de correlação é uma medida do grau de associação entre os dois traços trabalhados ao mesmo tempo **(Hayes *et al.*, 1955)**. A seleção de genótipos superiores com base no desempenho *per se* não é geralmente muito eficaz. Para selecionar genótipos superiores, o criador tem de escolher entre o material com base na sua expressão fenotípica. Como a maior parte dos caracteres de importância económica são complexos, envolvendo vários caracteres relacionados, é importante conhecer o grau de correlação fenotípica e genotípica dos caracteres (**Robinson *et al.*, 1951**).

Rani *et al.* (1981) indicaram, em estudos de 8 caracteres em 12 variedades de grama preta, que as vagens/planta, o peso de 100 sementes e as sementes/vagem apresentaram correlações positivas elevadas e efeitos diretos elevados no rendimento. O peso da vagem/planta e o comprimento da vagem estavam altamente correlacionados positivamente com o rendimento, mas tinham efeitos diretos negativos elevados. Conclui-se que a seleção deve basear-se em sementes grandes, vagens/planta e sementes/vagem.

Muthiah e Sivasubramanian (1981) analisaram dados sobre a produção de sementes e 8 caraterísticas dos componentes da produção em 50 variedades e referiram que todas as caraterísticas apresentavam correlações genotípicas e fenotípicas significativas e positivas com a produção de sementes. O número de vagens e o número de cachos estavam positivamente correlacionados entre si e com todas as outras caraterísticas, exceto o peso de 100 sementes. A produção de vagens e o número de vagens foram as caraterísticas mais importantes que determinam a produção/planta.

Sarker *et al.* (1984) estudaram alguns parâmetros genéticos e inter-relações para 7 caracteres de 11 linhas puras foto-insensíveis de grama preta. Observou-se uma elevada hereditariedade e um elevado avanço genético para a altura das plantas e os dias até à maturidade. Dois caracteres importantes que contribuem para o rendimento, como vagens/planta e peso de 1000 sementes, apresentaram uma percentagem apreciável de hereditariedade e avanço genético. Estes dois caracteres também mostraram uma associação positiva significativa com o rendimento.

Hossain e Wahhab (1986) estudaram a variabilidade de 186 genótipos locais de grama-preta para caracteres que contribuem para o rendimento e observaram que o rendimento/planta, vagens/planta, ramos primários/plantas, altura da planta atingem a variabilidade máxima. A variabilidade mínima foi observada para sementes/vagens e comprimento da vagem, que mostraram uma associação forte e positiva com o rendimento/planta. Concluíram que se pode obter um rendimento mais elevado de grama-preta através da seleção para um aumento de vagens/planta com um aumento de sementes/vagem.

Misra (1986), utilizando uma análise multivariada, agrupou 24 variedades de grama preta geograficamente diversas em 9 grupos, de acordo com as suas caraterísticas de rendimento. Este agrupamento indicou a independência da diversidade geográfica e genética. A interpretação das distâncias inter-cluster e dos valores médios dos caracteres de cluster sugerem que a hibridação das variedades do cluster III (LBG295, LBG296, UG135) com a variedade do cluster VIII (H761) conduziria a uma heterose elevada e a segregantes com rendimentos mais elevados. O rendimento, as vagens/planta, a altura da planta, o peso das sementes e os dias até à maturidade foram os factores que mais contribuíram para a diversidade genética.

Patil e Narkhede (1987) indicaram num estudo de 28 estirpes de grama preta que o rendimento estava significativamente correlacionado com vagens/planta, peso de 100 sementes, comprimento da vagem e semente/vagem. As vagens/planta e o peso de 100 sementes foram os componentes mais fiáveis na seleção de genótipos de elevado rendimento, em vez da altura da planta, apesar do seu elevado efeito direto no rendimento, como indicado pela análise de percurso. O rendimento/planta, o comprimento da vagem e a altura da planta apresentaram uma elevada hereditariedade e um elevado avanço genético esperado.

Wanjari (1988) apresentou uma análise de dados sobre correlações entre a produção de sementes/planta e 7 caracteres relacionados de 55 genótipos e revelou que o número de vagens, o comprimento das vagens e os cachos/planta estavam positivamente associados à produção. A análise da trajetória identificou fortes efeitos positivos e negativos dos dias até à maturidade e dos dias até à floração, respetivamente, sobre o rendimento, sugerindo que os criadores devem procurar combinar a floração precoce com a maturidade tardia.

Verma (1992) apresentou informações sobre correlações de rendimento derivadas de dados sobre 6 componentes de rendimento medidos em 30 genótipos. O rendimento foi positiva e significativamente correlacionado com o peso de 100 sementes, dias até à maturidade, ramos primários e altura da planta.

Renganayaki e Sreerangasamy (1992) deram informações sobre variabilidade, hereditariedade e avanço genético derivado de dados sobre 16 caracteres relacionados com a produção em 20 genótipos de grama preta. O avanço genético foi mais elevado para a produção de sementes e o peso seco das folhas. A produção de sementes/planta apresentou correlação positiva significativa com o comprimento do pecíolo, matéria seca total, índice de área de chumbo, comprimento da vagem, sementes/vagem e peso de 100 sementes. A altura da planta e a área da folha primária foram factores importantes que afectaram a produção de sementes. As variedades com maior rendimento foram a Agra Black e a M12/3 (6,12 e 7,55 g/planta, respetivamente).

Mahto e Mahto (1997) estudaram 11 cultivares de grama-preta e relataram que a produção de sementes estava alta e positivamente correlacionada com o peso de 100 sementes, dias até 50% de floração, altura da planta, ramos/planta, sementes/vagem e dias até a maturidade. A análise de regressão múltipla destacou ramos/planta, vagens/planta e dias até à maturidade como os parâmetros mais importantes que contribuem para a produção.

Sajikumar *et al.* (1998) estudaram 30 genótipos de grama preta. Genotípico
A correlação foi mais elevada entre vagens/planta e cachos de vagens/planta, seguida do peso das vagens e do rendimento de grãos/planta, o que implica que é possível melhorar indiretamente o rendimento através destes caracteres.

Santha e Paramasivam (1999) estudaram 25 cultivares de grama preta e relataram a associação entre rendimento e componentes de rendimento. Foram registadas observações relativas à altura das plantas, número de ramos primários, número de cachos, número de vagens, comprimento das vagens, sementes/vagens, peso de 100 sementes e rendimento de sementes. Verificou-se uma associação positiva significativa entre a produção de sementes, a altura das plantas e o número de vagens. A análise de percurso mostrou que a altura da planta teve efeitos diretos genotípicos e fenotípicos muito positivos na produção de sementes. A altura da planta teve um efeito positivo indireto no número de vagens, no peso das sementes e no peso de 100 sementes.

Natarajan e Rathinasamy (1999) avaliaram 15 progenitores e 50 híbridos de grama preta em dois locais. Foram registados coeficientes de variabilidade, correlação e caminho em 7 caracteres. Foram observados PCV e GCV elevados para a produção de sementes e a altura das plantas. Alta herdabilidade, juntamente com alto avanço genético, foi observada para altura da planta, cachos/planta, vagens/planta e produção/planta. Ramos/planta, cachos/planta e vagens/planta apresentaram uma correlação positiva significativa com a produção de sementes. O teor de proteínas foi negativamente correlacionado com a produção de sementes. As vagens/planta exerceram um efeito direto positivo no rendimento.

Pariya *et al.* (1999) analisaram a correlação e o coeficiente de caminho em 70 genótipos diversos de grama-preta. Foi registada uma associação significativa e positiva entre a produção/planta e os cachos/planta, a altura da planta, as vagens/planta, o peso de 100 sementes e o comprimento das vagens. Os dias até 50% de floração e os dias até à maturidade apresentaram uma correlação genotípica significativa e positiva com a produção de sementes. A análise do caminho indicou que as vagens/planta, a altura da planta e o peso de 100 sementes tiveram um efeito direto no rendimento. Assim, a ênfase máxima para a seleção de melhores genótipos deve ser dada a vagens/planta, altura da planta e peso de 100 sementes.

Savithramma *et al.* (1999) comunicaram informações sobre a amplitude, os coeficientes de variabilidade genotípica e fenotípica (PCV e GCV) e a hereditariedade derivada de dados sobre 14 caraterísticas relacionadas com a produção em 19 genótipos diversos de grama-preta. Foram observadas diferenças muito pequenas entre o GCV e o PCV para os dias até 50% de floração e para os dias até à maturidade, indicando que o efeito do ambiente nestes caracteres é baixo. Foram encontradas estimativas elevadas de hereditariedade para os dias até 50% de floração (91,3%), altura da planta (66,6%) e ramos primários/planta (65,6%). O avanço genético esperado elevado em percentagem da média, juntamente com a elevada hereditariedade, foi observado para ramos primários/planta, altura da planta e peso seco. A produção de sementes teve uma associação positiva significativa com a altura da planta, cachos/planta, vagens/caule, sementes/vagem, biomassa, comprimento da vagem e produção de vagens. Os genótipos foram agrupados em 3 grupos com base na análise D2 dos dados obtidos.

Ghafoor *et al.* (2000) categorizaram o germoplasma de grama-preta, composto por 484 genótipos, em 5 grupos com base na ligação média. Os 10% de membros de cada agrupamento, representados nos primeiros 2 PCs, revelaram que os agrupamentos I, II, III e IV estavam agrupados, enquanto o agrupamento V estava disperso na metade superior do gráfico. Dois membros do agrupamento V podiam ser agrupados, mas o terceiro membro estava ausente, o qual tem uma maturação tardia e forma de folha lanceolada. A correlação entre o germoplasma total e os acessos selecionados foi semelhante na maioria dos casos. A alta correlação do rendimento de grãos com ramos, vagens/planta, vagens/ramo e sementes/vagem, peso da semente e rendimento biológico para ambas as populações indicou a importância destes caracteres na determinação do potencial de rendimento da grama preta. Nas populações selecionadas, o rendimento de grãos mostrou uma correlação significativamente positiva com os dias até à floração e maturidade, indicando a importância da pressão de seleção para estas caraterísticas.

Sharma *et al.* (2000) estudaram a extensão da variabilidade em 87 linhas/cultivares de grama preta. Com base no desempenho em 1993, foram selecionadas 5 linhas superiores para cada carácter, bem como para o rendimento/planta, para avaliação posterior em 1995. Foi observada uma grande variabilidade para todos os caracteres em ambos os anos, exceto para os dias até à maturação. Algumas das linhas/cultivares foram superiores ao(s) controlo(s) para diferentes caracteres, por exemplo, HPU4 foi melhor do que o melhor controlo (Pant U19) no ensaio de rendimento replicado. Trinta linhas/cultivares foram representadas por 4 grupos morfológicos distintos.

Sagar *et al.* (2001) avaliaram 50 genótipos de grama-preta em 1998 e estes foram agrupados em nove grupos utilizando a estatística D^2 de Mahalanobis. O padrão de agrupamento revelou que não havia correlação entre a origem geográfica e a divergência genética. O carácter altura da planta contribuiu de forma relativamente máxima para a divergência, seguido de vagens/planta e peso de 100 sementes.

Bhagowati e Hazarika (2001) efectuaram dois cruzamentos de grama-preta de F2 a F4 para estudar a tendência das associações de caracteres e os coeficientes de caminho entre o rendimento e os atributos de rendimento em gerações de segregação precoce . O estudo de correlação revelou uma tendência estável de correlação positiva da produção de sementes com a altura da planta, o número de vagens e o índice de colheita. Por outro lado, a análise de percurso indicou uma tendência quase estável de efeitos diretos elevados da altura da planta, do número de vagens e do índice de colheita no rendimento. Para o número de vagens, o efeito indireto *através do* índice de colheita no rendimento/planta também foi significativo. Além disso, observou-se no presente estudo uma mudança na magnitude e direção dos coeficientes de correlação e coeficientes de caminho em ambos os cruzamentos ao longo de todas as gerações segregantes. A segregação diferencial e a recombinação que levam à quebra de ligações entre genes responsáveis por um carácter nas primeiras gerações segregantes, juntamente com interações G x E mais elevadas, podem ser as razões prováveis para tais inconsistências

Raika *et al.* (2002) efectuaram análises de correlação e de coeficientes de caminho para o rendimento de grãos e componentes do rendimento do feijão-guandu, utilizando 93 genótipos. O rendimento de grãos/planta foi positivamente correlacionado com os dias até à maturidade, ramos primários/planta, altura da planta, vagens/planta, cachos/planta, comprimento da vagem, rendimento biológico e índice de colheita. A correlação a nível genotípico foi positiva entre o rendimento de grãos e os dias até à floração, dias até à maturação, ramos primários/planta, altura da planta, vagens/planta, cachos/planta, comprimento da vagem, rendimento biológico e índice de colheita.

Ahamed e Salimath (2002) estudaram 16 cultivares de elite de grama preta em Dharward, Karnataka, Índia, durante o *kharif* de 1997, para obter informações sobre a possibilidade de utilizar caraterísticas fisiológicas importantes para melhorar a produtividade. O índice de colheita (HI), os dias até à maturação e o peso de teste (TW) mostraram uma associação positiva e significativa com a produção de sementes.

Vaithiyalingan *et al.* (2002) estudaram a correlação e os coeficientes de caminho para 12 caraterísticas envolvendo 30 híbridos e 11 progenitores de grama preta. A produção de sementes apresentou uma associação significativa e positiva com ramos/planta, cachos/planta, vagens/planta, sementes/vagem, produção de matéria seca e índice de colheita. A análise do caminho revelou um efeito direto máximo da produção de matéria seca, seguido do índice de colheita e das vagens/planta na produção de sementes.

Mahmood-ul-Hassan *et* al. (2003) estudaram a correlação e o coeficiente de caminho em 25 genótipos locais e exóticos de grama-preta. Foram efectuadas observações sobre o rendimento e as caraterísticas relacionadas com o rendimento. Todos os caracteres foram associados de forma positiva e altamente significativa ao rendimento de grãos, exceto o índice de colheita, que apresentou uma correlação altamente significativa mas negativa com o rendimento de grãos. O índice de colheita teve um efeito direto máximo no rendimento de grãos, seguido do rendimento biológico/planta. O efeito direto da altura da planta, vagens/planta e peso de 100 grãos no rendimento de grãos foi pequeno, mas os grandes efeitos indirectos *através do* rendimento biológico resultaram na sua correlação altamente significativa com o rendimento de grãos. O rendimento biológico, bem como todas as caraterísticas acima referidas, podem ser explorados na seleção de cultivares de elevado rendimento.

Gupta *et al.* (2003) efectuaram análises de correlação e de caminho para o rendimento e componentes do rendimento de 50 cultivares de grama preta. As estimativas das correlações genotípicas e fenotípicas revelaram que o rendimento estava positivamente associado à altura da planta, ramos/planta, cachos/planta, vagens/planta, sementes/vagem e peso de 100 sementes. A análise do coeficiente de caminho a nível genético indicou que os dias até à maturidade, vagens/planta, cachos/planta, ramos/planta, sementes/pod e peso de 100 sementes tiveram os maiores efeitos diretos e indirectos no rendimento.

Kumar *et al.* (2003) estudaram a correlação entre 10 caraterísticas de 25 cultivares de grama preta geneticamente diversas. A produção de sementes foi positiva e significativamente correlacionada com todos os caracteres estudados, exceto vagens/cluster. O peso de 100 sementes mostrou o maior efeito direto positivo na produção de sementes, seguido das vagens/planta. Os dias para a primeira flor mostraram um efeito direto negativo no rendimento *através da* maioria dos caracteres.

Kumar e Mishra (2005) estudaram 30 genótipos de feijão-guandu para avaliar a associação entre o rendimento e os seus caracteres componentes. O rendimento/planta apresentou uma correlação positiva elevada com as vagens/planta e a altura da planta, enquanto as sementes/vagens apresentaram uma correlação negativa significativa com o rendimento. As vagens/planta registaram a maior correlação genotípica com o rendimento. A análise do coeficiente de caminho revelou que as vagens/planta, o peso de 100 sementes e as sementes/planta tiveram efeitos diretos elevados, bem como efeitos indirectos através de outros caracteres no rendimento/planta.

Pradhan e Mishra (2005) efectuaram uma análise do coeficiente de caminho e da correlação de 30 genótipos de grama-preta para 11 caracteres de rendimento. A produção de sementes/planta apresentou uma correlação positiva altamente significativa com a produção de vagens/planta, vagens/planta, peso de 100 sementes e comprimento das vagens aos níveis fenotípico e genotípico. O rendimento de vagens/planta apresentou o maior efeito direto positivo e efeitos indirectos no rendimento de sementes *através da* maioria dos caracteres. Os resultados indicaram que a produção de vagens/planta, vagens/planta, peso de 100 sementes e comprimento de vagens podem ser considerados para uma seleção eficaz no blackgram.

Bakshi *et al.* (2006) avaliaram 25 genótipos de grama preta. O coeficiente de correlação e o coeficiente de trajetória foram calculados para 6 caracteres: dias até 50% de floração, dias até à maturidade, vagens/planta, sementes/vagem, peso de 100 sementes (g) e produção de sementes/planta (g). Houve uma correlação positiva significativa da produção de sementes/planta com vagens/planta, dias até à maturidade e peso de 100 sementes. As vagens/planta tiveram uma correlação positiva significativa com os dias até à maturidade.

Variabilidade

A variabilidade é a base de todos os programas de melhoramento de plantas. Se existir variabilidade genética suficiente, esta pode ser explorada para desenvolver cultivares superiores. **Vavilov (1950)** foi o primeiro a perceber que uma gama mais ampla de variabilidade em qualquer cultura proporciona uma melhor oportunidade de selecionar os tipos desejáveis. Outro fator importante, para além da variação genética dos caracteres, é o seu modo de transmissão à geração seguinte.

Kumar e Reddy (1986) estudaram 28 progénies F3 de grama preta de um cruzamento dialélico 8 x 8 e revelaram diferenças significativas para todos os caracteres. A altura da planta, os ramos/planta, os cachos/planta e as vagens/planta apresentaram a maior diversidade. A altura da planta e os ramos/planta registaram uma elevada hereditariedade associada a um elevado avanço genético, indicando a possibilidade de ação de genes aditivos. Vagens/planta, comprimento da vagem, sementes/vagem, peso de 100 sementes e rendimento/planta registaram herdabilidade e avanço genético baixos a moderados. Chikkuduminumumu x Urd. 46-S e Chettuminimumu x Chikkuduminumu deram os maiores rendimentos/planta. Sugere-se que estas e as progénies de maturação precoce (T9 x 4-5-2 e T9 x Cultura 1) possam ser úteis para uma seleção posterior.

Lakshmaiah *et al.* (1989) deram informações sobre hereditariedade e correlações de rendimento derivadas de dados sobre 10 componentes de rendimento em 9 cultivares cultivadas em 1987-88. As estimativas de hereditariedade variaram de 77-99%, sendo a mais alta para dias até 50% de maturidade. Os desempenhos médios mais elevados para rendimento/planta foram observados para LBG611 (21,5 g), LBG402 (21,0 g) e LBG22 (20,1 g).

Rao (1992) estimou a hereditariedade e o avanço genético em blackgram.
O material de reprodução para esta investigação incluiu as gerações F1 a F3 e BC1 e BC2 de 4 cruzamentos, juntamente com 7 pais de origem indiana diversa. As estimativas de hereditariedade foram calculadas para 11 caraterísticas agronómicas. Foram observadas estimativas elevadas de hereditariedade em sentido lato e restrito, com exceção de alguns cruzamentos e caraterísticas específicas. Observou-se uma elevada hereditariedade associada a um elevado avanço genético para a maioria dos caracteres em todos os cruzamentos, indicando a contribuição da variância genética aditiva. Nos casos em que o avanço genético foi baixo, os caracteres foram governados por variâncias de dominância ou epistáticas. Recomenda-se a continuação da seleção em Tg x PLU1147 com base na produção, sementes/planta e vagens/planta. No cruzamento RU2 x JU2, é possível melhorar o rendimento com base no índice de colheita e, no caso do JU8-4 x UG152, selecionando para uma elevada produção de sementes

Sirohi *et al.* (1994) observaram e deram informações sobre a variabilidade genética, a hereditariedade derivada de dados sobre 9 caraterísticas relacionadas com o rendimento em 56 genótipos de grama preta. As variedades HPBU 366, HPBU 21, HPBU 19, T9, UG 218 e UPU 83-3 foram identificadas como promissoras para o desenvolvimento de variedades de grama preta de alto rendimento.

Rao (1995) registou os coeficientes de variação fenotípica e genotípica, a hereditariedade e o avanço genético esperado, bem como os coeficientes de correlação simples para a produção de sementes/planta e 8 caraterísticas relacionadas em acessos de grama preta de diferentes regiões da Índia. Sugeriu-se que a seleção de plantas individuais para uma produção elevada, sementes/planta e ramos/planta seria eficaz para melhorar a produção de sementes.

Gowda *et al.* (1997) estudaram 18 genótipos de grama preta de diversas origens quanto aos coeficientes de variabilidade fenotípica e genotípica, hereditariedade e avanço genético. Verificou-se uma variabilidade suficiente no material para o rendimento de grãos/planta, vagens/planta, ramos/planta e altura da planta. Valores altos de herdabilidade associados a maior avanço genético foram obtidos para rendimento de grãos/planta e vagens/planta. Alta herdabilidade em conjunto com avanço genético médio foi obtida para peso de 100 sementes e ramos/planta.

Singh (1998) estudou a variabilidade e a correlação em blackgram. Foram obtidas informações sobre a variabilidade genética, a hereditariedade e a correlação da produção de 16 genótipos de grama-preta para 7 caraterísticas relacionadas com a produção. A variabilidade foi maior para a altura da planta, seguida de vagens/planta, dias para a floração e dias para a maturidade. A hereditariedade foi mais elevada no rendimento de grãos/planta, seguida dos dias até à floração, altura da planta, vagens/planta e dias até à maturidade. O avanço genético foi maior para vagens/planta, seguido de altura da planta e rendimento de grãos/planta. O rendimento de grãos foi positivamente correlacionado com vagens/planta, sementes/vagem e peso de 100 sementes, e negativamente correlacionado com dias para a floração, dias para a maturidade e altura da planta.

Isaacs *et al.* (2000) estudaram 32 genótipos de grama-preta de origem diversa quanto aos coeficientes de variabilidade fenotípica e genotípica, herdabilidade e avanço genético. Verificou-se a existência de variabilidade suficiente entre a população para a maioria dos caracteres estudados. Obtiveram-se valores elevados de hereditariedade associados a um elevado avanço genético para a produção de uma única planta, vagens/planta e outros caracteres de rendimento, exceto para sementes/vagens. Obteve-se uma elevada hereditariedade com um avanço genético médio para o peso de 100 sementes. Assim, o melhoramento do rendimento do blackgram seria conseguido através da seleção dos caracteres acima referidos. O coeficiente de correlação genotípica foi ligeiramente superior ao coeficiente de correlação fenotípica para a maioria dos caracteres.

Bakshi e Ghoshdastidar (2004) estudaram 25 genótipos de grama preta em duas estações. A análise da variabilidade foi efectuada em 6 caracteres. Obtiveram-se valores elevados para a variância genotípica e fenotípica nas vagens/planta, dias até à maturação e produção de sementes/planta, indicando uma ampla gama de variação presente nestes caracteres. Os valores relativamente mais elevados do coeficiente de variação fenotípica e do coeficiente de variação genotípica para vagens/planta e produção de sementes/planta indicaram uma elevada variação destes caracteres. A hereditariedade foi elevada para todos os 6 caracteres, sendo a mais elevada no peso de 100 sementes. Vagens/planta e produção/planta apresentaram alta herdabilidade aliada a altos avanços genéticos.

Vaithiyalingan (2004) estudou a variação genética, a hereditariedade e o avanço genético em 11 caraterísticas quantitativas de híbridos F1 de grama preta derivados do cruzamento entre as linhas (KKB1, KKB2, LBG20, VBG23, VBG52, ADB2003) e os testadores (VBN1, VBN2, T9, ADT3 e ADT5). Todos os caracteres examinados registaram um coeficiente de variação fenotípico mais elevado do que o genotípico (PCV e GCV, respetivamente). Foram registados GCV elevados para a produção de sementes, produção de matéria seca, cachos de vagens/planta e cachos/planta. As estimativas de hereditariedade foram elevadas para a maioria dos caracteres examinados devido aos baixos efeitos ambientais. O avanço genético foi maior para o rendimento de sementes, produção de matéria seca e vagens/planta.

Pradhan e Mishra (2005) estudaram 30 genótipos de grama preta, incluindo cultivares lançadas, culturas de elite e locais promissores de Orissa. A análise de variância sugeriu que todos os genótipos variaram significativamente para os 11 caracteres, indicando uma elevada variação genética.

Veeramani *et al.* (2005) estudaram a variabilidade genética realizada com a grama preta nas populações segregantes de três cruzamentos, envolvendo 4 pais (LBG 402, LBG 685, IBG 645 e LBG 20). Foi observada uma elevada hereditariedade associada a um elevado avanço genético em percentagem da média para a altura da planta, ramos/planta, cachos/planta e vagens/planta. As vagens/agregado registaram uma elevada hereditariedade e um elevado avanço genético no LBG 685/ LBG 20, enquanto que a elevada hereditariedade e o elevado avanço genético foram observados para o comprimento das vagens no LBG 645/

LBG 20.

Umadevi e Ganesan (2006) estudaram a variabilidade, a correlação e a análise de trajetória para o rendimento e os caracteres que influenciam o rendimento da grama preta. O estudo de associação de diferentes caracteres indicou que o rendimento de grãos estava significativamente associado aos cachos/planta, vagens/planta, comprimento da vagem e sementes/vagem. Os resultados da análise de percurso revelaram que o melhoramento de cachos/planta e vagens/planta pode aumentar diretamente a produção de sementes.

Sharma *et al.* (2006) registaram coeficientes de variação genotípica elevados para a altura da planta, ramos/planta e vagens/planta. As estimativas de hereditariedade foram elevadas para os dias até 50% de floração, dias até à maturidade, altura da planta e peso de 1000 sementes. A análise de correlação indicou que o rendimento/planta estava positiva e significativamente correlacionado com vagens/planta, ramos/planta e peso de 1000 sementes.

2.3 Análise RAPD

O ADN polimórfico amplificado aleatório (RAPD) é uma técnica de marcadores moleculares baseada na PCR. O RAPD foi desenvolvido por **Welsh e McClelland (1990)** e **Williams *et al.* (1990)**. É simples, rápida, requer uma pequena quantidade de ADN-modelo e não envolve radioatividade, nem a técnica de southern blotting e hibridação.

Williams *et al.* (1990) desenvolveram originalmente a técnica em que sequências arbitrárias de decâmeros são utilizadas como iniciadores para amplificação. Estes marcadores são marcadores dominantes porque o polimorfismo se deve à presença ou ausência de um determinado fragmento amplificado. Uma das principais vantagens destes marcadores é o facto de não necessitarem de qualquer informação prévia sobre a sequência. Estes marcadores têm sido utilizados para construir mapas de ligação em várias espécies e também para marcar genes de importância económica. Uma das principais limitações destes marcadores é a falta de repetibilidade em certos casos.

Gafoor *et al.* (2003) selecionaram 88 genótipos de grama-preta com base em distribuições geográficas, que foram avaliados quanto a caraterísticas agronómicas e SDS-PAGE. Os dados foram analisados com base em 3 parâmetros geográficos, ou seja, províncias, zona ecológica e altitude. O SDS-PAGE e as caraterísticas agronómicas indicaram o valor da análise do centro de diversidade genética da grama preta. A migração de variedades autóctones para novas regiões, seguida de um certo grau de contaminação por mistura ou cruzamento com outras variedades autóctones, também é esperada, o que pode ser devido ao movimento de germoplasma de uma área para outra. A variação dentro do país parece ser atribuída em grande parte a diferentes províncias, em vez de unidades mais pequenas, como zonas ecológicas de culturas, e atribui mais missões de recolha às principais áreas de cultivo de grama negra com maior diversidade, podendo concentrar esforços na amostragem do maior número possível de áreas geográfica e ecologicamente distintas, em vez de recolher extensivamente de campos fechados a estradas motorizadas dentro de uma província individual. A área com um elevado nível de stress apresentará uma tolerância interessante ao stress ambiental, mas misturas homogéneas e, por conseguinte, necessitará de uma amostragem menos extensa para efeitos de conservação dos recursos genéticos.

Souframanien e Gopalakrishna (2004) estudaram uma análise comparativa da diversidade genética em genótipos de grama-preta utilizando marcadores de ADN polimórfico amplificado ao acaso (RAPD) e de repetição de sequências simples (ISSR). Foi utilizado um total de 25 iniciadores aleatórios e 16 iniciadores ISSR. A amplificação do ADN genómico dos 18 genótipos, utilizando a análise RAPD, produziu 104 fragmentos que puderam ser pontuados, dos quais 44 eram polimórficos, com uma média de 1,8 fragmentos polimórficos/primer. O número de fragmentos amplificados com iniciadores aleatórios variou de dois (OPA-13) a nove (OPK-4) e variou em tamanho de 200 pb a 2.500 pb. A percentagem de polimorfismo variou entre 16,6% (OPK-7) e um máximo de 66,6% (OPE-3, OPH-2 e OPK-8), com uma média de 42,7. Os 16 iniciadores ISSR utilizados no estudo produziram 101 bandas em 18 genótipos, das quais 55 eram polimórficas. O número de bandas amplificadas variou de duas (ISSR 858) a dez (ISSR 810), com um intervalo de tamanho de 200-2.200 pb. O número médio de bandas/primer e de bandas polimórficas/primer foi de 6,3 e 3,4, respetivamente. A percentagem de polimorfismo variou entre 25% (ISSR 885) e 100% (ISSR 858), com uma percentagem média de polimorfismo de 57,5% em todos os genótipos. Os primers ancorados a 3'baseados em motivos poli (GA) e poli (AG) produziram polimorfismos médios elevados de 54,98% e 58,32%, respetivamente. Os marcadores ISSR foram mais eficientes do que o ensaio RAPD, uma vez que detectaram 57,4% de marcadores de ADN polimórficos no blackgram, em comparação com 42,7% para os marcadores RAPD. O teste de mantel entre as duas matrizes de similaridade de jaccard deu r=0,32, mostrando baixa correlação entre as similaridades baseadas em RAPD e ISSR. A agregação dos genótipos dentro dos grupos não foi semelhante quando se comparou o dendrograma derivado do RAPD e do ISSR, ao passo que o padrão de agregação dos genótipos permaneceu mais ou menos o mesmo no ISSR e nos dados combinados do RAPD e do ISSR.

Dikshit *et al.* (2007) estudaram 70 genótipos pertencentes a 7 espécies de *Vigna* selvagens e cultivadas, que foram geneticamente diferenciados utilizando marcadores de ADN polimórfico amplificado aleatoriamente (RAPD), primers universais de arroz (URP) e marcadores de repetição de sequências simples (SSR). Identificaram o marcador RAPD, OPG13, que produziu um perfil de impressão digital específico da espécie. Este iniciador caracterizou todas as espécies de *Vigna* de forma única, sugerindo uma visão da sua co-evolução, domesticação e relação interespecífica. A análise de agrupamento do conjunto de dados combinados de todos os marcadores resultou em cinco grupos principais. A maioria dos genótipos pertencentes a espécies cultivadas formou um grupo específico, enquanto todas as espécies selvagens formaram um grupo separado, utilizando o método de grupos emparelhados não ponderados com médias aritméticas e análise de componentes principais. O teste de correspondência matricial de Mantel resultou numa correlação matricial elevada com o melhor ajuste (r = 0,95) a partir de dados de marcadores combinados. A comparação dos três sistemas de marcadores mostrou que o marcador SSR foi mais eficiente na deteção da variabilidade genética entre todas as espécies de *Vigna*. A estreita base genética das cultivares *de V. radiata* obtida no presente estudo sublinhou que deve ser utilizada uma grande coleção de germoplasma no programa de melhoramento *de Vigna*

Benko Iseppon *et al.* (2007) estudaram a diversidade genética e as relações filogenéticas em *Vigna* e optimizaram a impressão digital de amplificação de ADN (DAF) para estimar a diversidade genética dentro de, e as relações genéticas entre, uma coleção central representativa de feijão-frade, em comparação com 16 acessos que representam cultivares de 6 espécies de *Vigna*. Um conjunto de 26 iniciadores foi selecionado de entre 262 iniciadores aleatórios testados e utilizado para a caraterização de 85 acessos *de Vigna* (6 *V.angularis*, 4 de cada *V.mungo* e *V. radiata*, 2 *V. umbellata*, 1 *V. aconitifolia* e 68 *V. unguiculata*), com *Phaseolus vulgaris* subsp. *vulgaris* como grupo externo. Um total de 212 bandas polimórficas foi utilizado para a análise de máxima parcimónia. Os nossos resultados distinguiram claramente os genótipos brasileiros dos africanos *de V. unguiculata*. Ao nível das espécies, *V. angularis* foi a espécie mais relacionada e *V. radiata* a espécie mais divergente relativamente a *V. unguiculata*. Os marcadores DAF também foram informativos ao nível intraespecífico, detectando uma grande diversidade entre cultivares de feijão-caupi.

Capítulo 3

MATERIAIS E MÉTODOS

A presente investigação foi efectuada no Crop Research Centre, G. B. Pant University of Agriculture and Technology, Pantnagar, durante a *colheita* de 2006, e a análise dos marcadores moleculares foi realizada no I. P. M. and Molecular Biology Laboratory, Department of Plant Pathology, G. B. Pant University of Agriculture and Technology, Pantnagar.

3.1 Sítio experimental

Pantnagar situa-se geograficamente na zona subtropical húmida e está localizada entre 79,3 ° de longitude E e 29 ° de latitude N, com uma altitude de 243,84 m acima do nível médio das águas do mar.

3.2 Clima e tempo

As condições meteorológicas durante as épocas de cultivo na *kharif* 2006 foram bastante favoráveis ao crescimento normal da cultura de grama-preta.

A presente investigação sobre a "**avaliação da variação morfológica e molecular em algumas linhas de elite de grama-preta (*Vigna mungo* (L.) Hepper)".** baseada em marcadores morfológicos e moleculares consiste na recolha de dados relevantes a dois níveis:

- **Diversidade a nível morfológico**
- **Diversidade a nível molecular**

3.3 Diversidade a nível morfológico

3.3.1 Material experimental

O material experimental incluiu 30 genótipos de blackgram juntamente com 4 controlos, nomeadamente Pant U-19, Pant U-35, Pant U-31 e Pant U 40.

Materiais:

O nome e o pedigree dos genótipos testados, juntamente com os controlos de blackgram, são apresentados no quadro 3.1

Quadro 3.1 Lista de genótipos e respetivo pedigree utilizados no estudo.

Grupo	Origem	Não.de genótipos	Nome do genótipo
I	Calça U30 xUPU 97-10	8	PU04-25, PU06-1, PU06-2, PU06-3, PU06-4, PU04-6, PU06-6, PU06-7
II	Calça U19 xUPU 97-10	8	PU04-29, PU04-33, PU06-8, PU06-9, PU06-10, PU06-11, PU06-12, PU06-13
III	Calça U30 xUK-17	5	PU02-12, PU04-10, PU04-12, PU04-24, PU04-31
IV	Calça U19 xUK-17	3	PU04-27, PU04-34, PU06-5
V	UPU 97-10 xCalça U 30	1	PU04-28
VI	Calça U35 xDPU 88-31	1	PU02-3
VII	UPU 1XUPU 2	1	Pant U 19
	UPU 3xCalça U 19	1	Calça U-35
	UPU 97-10xDPU 88-31	1	Calça U-31
	UPU 89-6-7x7668/4B	1	Calça U-40
	Total	30	

3.3.2 Detalhes experimentais

O experimento foi plantado em julho de 2006 em blocos completos casualizados (RCBD) com 3 repetições. Cada parcela era composta por 6 linhas de 4m de comprimento. Foi seguido um espaçamento de 30 cm (linha a linha) e 10 cm (planta a planta), resultando num tamanho líquido de parcela de 7,2 m².

3.3.3 Observação registada

Foram registados os dados relativos às seguintes caraterísticas morfológicas dos genótipos de grama-preta.

Caraterísticas morfológicas, de rendimento e que contribuem para o rendimento.

3.3.3.1 Dias até 50% de floração

O número de dias decorridos desde a data da sementeira até ao aparecimento de 50% de floração numa parcela foi registado em .

3.3.3.2 Dias até ao vencimento

Foi registada como o número de dias decorridos desde a data da sementeira até à maturidade completa de uma parcela (ou seja, quando 90% das plantas adquiriram a cor de palha e as vagens estavam completamente secas).

3.3.3.3 Altura da planta (cm)

A altura das plantas foi medida em cm com a ajuda de uma escala métrica da base à ponta das plantas em 5 plantas selecionadas aleatoriamente em cada parcela na maturidade.

3.3.3.4 ramos primários

A partir da base das plantas, os ramos que nascem do caule principal são contados e considerados como leitura do número de ramos primários na altura da maturidade.

3.3.3.5 cachos/planta

Foi registado o número de cachos em cada planta, tendo sido selecionadas aleatoriamente 5 plantas e registado o número de cachos/planta.

3.3.3.6 vagens/planta

O número total de vagens em 5 plantas selecionadas ao acaso foi contado na altura da maturação em cada parcela.

3.3.3.7 Comprimento da cápsula

O comprimento das vagens é considerado como o comprimento médio de 10 vagens de cada uma das 5 plantas maduras selecionadas aleatoriamente.

3.3.3.8 sementes/espiga

O número médio de 10 vagens de cada uma das 5 plantas selecionadas aleatoriamente foi calculado na maturidade.

3.3.3.9 100 Peso da semente (g)

Uma amostra de 100 sementes limpas, completamente maduras e bem desenvolvidas, foi retirada de sementes a granel de 10 plantas selecionadas aleatoriamente e pesada com a ajuda de uma balança eletrónica.

3.3.3.10 Rendimento/planta (g)

O rendimento/planta foi calculado como o peso médio de 5 plantas selecionadas aleatoriamente após a colheita e a secagem ao sol, separadamente, com a ajuda de uma balança eletrónica.

3.4 ANÁLISE ESTATÍSTICA

Foram seguidos os seguintes procedimentos estatísticos para a análise e a elaboração de conclusões do presente inquérito

3.4.1 Análise de variância (ANOVA)

3.4.2 Correlação

3.4.3 Variabilidade

3.4.1 Análise de variância (ANOVA)

A análise de variância foi proposta por **R.A. Fisher (década de 1920)**. Trata-se de uma técnica em que a variação total presente nos dados é dividida em duas componentes: variação devida a factores atribuíveis e variação devida a factores não atribuíveis.

Para a análise de variância, foi utilizado o seguinte modelo linear

$$Yij=\mu+bi+tj+eij$$

Em que, i=1,2 .... r(replicação); j=1,2............................ t (tratamento)

Yij= desempenho da variedade j no i-ésimo bloco

ii = média da população, bi=efeito *verdadeiro* do bloco i, tj=efeito *verdadeiro* do tratamento j e eij=erro aleatório associado a *Yij*.

r=número de réplicas

t=número de tratamentos

Os dados foram analisados para um RBD para testar a significância das diferenças entre os genótipos para vários caracteres e os passos envolvidos na análise do RBD foram descritos por **Panse e Sukhatme**

(1969). A ANOVA para RBD é a seguinte:

Quadro 3.2 ANÁLISE DE VARIÁVEIS

Fonte de variação	**D.F.**	**Soma de quadrado**	**Quadrado médio**	**Rácio F observado**
Replicação	(r-1)	SSr	MSr =SSr/(r-1)	MS_r/MSe
Tratamento	(t-1)	SSt	MSt =SSt/(t-1)	MSt/MSe
Erro	(r-1) (t-1)	SSe	MSe =SSe/(r-1) (t- 1)	
Total	(rt-1)			

Onde, r e t são o número de repetições e tratamentos, respetivamente. A significância da diferença entre as médias dos tratamentos foi testada pelo teste F. Cada quadrado médio foi testado contra o quadrado médio do erro (MSe) e comparado com o valor da tabela de F do seu respetivo grau de liberdade.

$$SE_m = \sqrt{\frac{MSe}{r}}$$

O erro padrão da média é calculado da seguinte forma

Coeficiente de variação (%)

$$CV - \left(\frac{\sqrt{MS_e}}{\overline{X}}\right)\times 100$$

Onde, X=média geral do carácter e o CV, sendo uma medida sem unidade, é uma boa base para comparar a extensão da variação entre diferentes caracteres com diferentes escalas.

O erro padrão da diferença entre dois tratamentos quaisquer é expresso pela seguinte fórmula:

$$SE_d = \sqrt{\frac{2MSe}{r}}$$

Onde, *MSe=erro* quadrático médio e r=número de repetições.

A significância da diferença entre as médias dos tratamentos foi testada pelo teste F a um nível de significância de 5% e 1%. Sempre que o valor F foi considerado significativo, a diferença crítica foi calculada para testar a significância da diferença entre quaisquer duas médias de tratamento da seguinte forma

C.D.(a 5%)=SEd x t(5%) a erro d.f

3.4.2 Estimativa do coeficiente de correlação

Os coeficientes de correlação foram calculados para determinar a associação entre todos os caracteres que contribuem para a produção. Os coeficientes de correlação a nível genotípico e fenotípico foram estimados a partir da análise de variância e covariância, como sugerido por **Searle (1961)**. Todos estes cálculos foram baseados nos valores médios dos diferentes caracteres para cada genótipo. As fórmulas utilizadas para a estimativa da correlação são as seguintes

3.4.2.1 Correlação genotípica entre os caracteres X e Y

$$r_{xy(g)} = \frac{Cov(x,y)_g}{\sqrt{Var(x)Var(y)}}$$

Onde, Cov(x,y)g=Variância genotípica entre o carácter X e Y,

Var(x)g=Variância genotípica do carácter X,

Var(y)g=Variância genotípica do carácter Y.

3.4.2.2 Correlação fenotípica entre os caracteres X e Y

$$r_{xy(p)} = \frac{Cov(x,y)_p}{\sqrt{Var(x)Var(y)}}$$

em que, Cov(x,y)p=co-variância fenotípica entre o carácter X e Y
Var(x)p =variância fenotípica do carácter X
Var (y)p =variância fenotípica do carácter Y

3.4.2.3 Correlação ambiental

$$r_{xy(e)} = \frac{Cov(x,y)_e}{\sqrt{Var(x)Var(y)}}$$

Onde
Cov(x,y)e=co-variância ambiental entre as personagens X e Y
Var(x)e =variância ambiental do carácter X
Var(y)e=variância ambiental do carácter Y

Teste de significância para o coeficiente de correlação

Para testar a significância de *r*, o valor *t* foi calculado do seguinte modo

$$t = \frac{r}{\sqrt{1-r^2}}\sqrt{n-2}$$

Onde *r* é a estimativa obtida a partir de *n* pares e o rácio é distribuído na amostragem como *t* com *(n-2)* graus de liberdade. A significância do coeficiente de correlação ® foi testada comparando o valor observado do coeficiente de correlação com os valores tabelados para n-2 graus de liberdade **(Snedecor e Cochran, 1967)**. Se o valor observado for superior ao valor tabelado, o coeficiente de correlação é considerado significativo.

3.4.3 Variabilidade

Os diferentes coeficientes de variância foram calculados de acordo com **Burton (1952)**.

3.4.3.1 Coeficiente de variação fenotípica (PCV %)

$$= \frac{\sqrt{\sigma^2 p}}{\bar{x}} \times 100$$

3.4.3.2 Coeficiente de variação genotípica (GCV %)

$$= \frac{\sqrt{\sigma^2 g}}{\bar{x}} \times 100$$

3.4.3.3 Hereditariedade (sentido lato)

É o rácio entre a variância genotípica e a variância fenotípica

$$h^2 = \frac{\sigma^2 g}{\sigma^2 p}$$

A hereditariedade em sentido lato (Hb) foi estimada como a razão entre a variância genotípica e a variância fenotípica **(Allard 1960)**. Onde, $\sigma^2 p$ e $\sigma^2 g$ são os valores fenotípicos, variâncias genotípicas do carácter e $\bar{x}$ é a média do carácter.

3.5 Diversidade a nível molecular

A diversidade a nível molecular foi estudada no Department of Pathology IPM and Molecular Laboratory, G. B. Pant University of Agriculture and Technology, Pantnager, utilizando marcadores de ADN polimórfico amplificado aleatório (RAPD). Foram utilizados como material experimental 30 genótipos de grama-preta avaliados durante a *colheita* de 2006 no Crop Reserch Centre, Pantnager.

3.5.1 Procedimento de extração de ADN

As folhas de 15 dias de idade da grama preta são retiradas de cada genótipo cultivado em estufa. As folhas frescas foram lavadas com água de dupla destilação autoclavada e depois com álcool absoluto. Triturou-se 0,5 g de material foliar em N2 líquido até se obter um pó fino, utilizando um pilão e um almofariz previamente arrefecidos e, em seguida, transferiu-se o pó para um tubo de Oakridge contendo 5 ml de tampão de extração previamente aquecido, utilizando uma espátula para dispersar completamente o material. Em seguida, as amostras foram incubadas a 60^0 c durante 30 minutos, sendo ocasionalmente misturadas por agitação suave.

Foram adicionados três mililitros de clorofórmio e álcool isoamílico (24:1) a cada amostra e misturados por inversão para emulsionar, centrifugados a 15.000 rpm à temperatura ambiente durante 10 minutos. A fase aquosa foi removida com uma pipeta de diâmetro largo e depois transferida para um tubo limpo. Adicionou-se isopropanol a 2/3 rd do volume e misturou-se por agitação rápida e suave, colocando-se em seguida num congelador durante 2 horas. O sobrenadante foi centrifugado a 10 000 rpm durante 10 minutos para precipitar o ADN. O ADN foi então lavado com etanol a 70% durante 20 minutos. O sedimento foi seco e dissolvido em 500μl tampões TE, que foram depois armazenados a -20° c. O tratamento com RNAase foi administrado com 2μl de RNAase. Foi adicionada uma solução de reserva ao tubo de recolha que continha 200μl de ADN extraído e incubado durante 3 horas a 37^{0}c num banho de água.

3.5.2 Preparação do gel

Dissolver a agarose 0,8 em 100 ml de tampão TBE 0,5x e ferver em lume brando após um ligeiro arrefecimento. Adicionar brometo de etídio 4iil e, em seguida, encaixar o pente e a solução é vertida na placa e aguardar algum tempo para retirar o pente e carregar a amostra para a execução da amostra.

3.5.3 Amplificação RAPD

A amplificação por PCR **(Williams et al .1990)** foi efectuada com iniciadores de decâmeros aleatórios obtidos da Operon Technologies **(Almeda, Calif., EUA)**. As amplificações foram efectuadas numa mistura de reação de 25 μl contendo 10 mM Tris- HCl (pH 8,3), 50 mM KCl, 2,5mM MgCl2, 0,01% de gelatina, 0,2mM de cada dNTP, 20 pmol de iniciador RAPD, 50ng de ADN genómico e 0,5 U de Taq DNA polimerase (Bangalore Genei, Bangalore, Índia). As amplificações foram efectuadas num gradiente Eppendorf Master cycler **(Eppendorf Netheler-Hinz, Hamburgo, Alemanha).** Os produtos amplificados foram separados num gel de agarose a 1,5% em tampão TBE 1 (100 mM Tris HCl, pH 8,3, 83 mM ácido bórico, 1 mM EDTA) a 50 V. O gel foi corado com uma solução de brometo de etídio 0,5 $\mu g/ml$ e visualizado por iluminação sob luz UV. O tamanho dos produtos de amplificação foi determinado por comparação com λDNA digerido com *EcoR1* e *HindIII.*

3.5.4 Programa PCR para RAPD

1) 94^{0}c durante 5 min.
2)94^{0}c durante 1 min.
3)42^{0}c durante 1 min.
4)72^{0}c durante 2 min.
5)ir para 2 durante 35 ciclos.
6)72^{0}c durante 7 min.
7)4^{0}c para sempre.
8)FIM.

3.5.5 Mistura de reação para 31

	1Rx	31Rx
Água de dupla destilação	17.2	533,2ul
dNTp	1 ul	31ul
Tampão 10x	2,5 ul	77,5 ul
Taq	.2 ul	9.3 ul
Mgcl2	2 ul	62 ul
Cartilha	1 ul(30ng/ul)	31 ul
Modelo	1 ul(50ng/ul)	31 ul

Mistura principal = (DDW + dNTp + tampão 10x + Taq + Mgcl2 + iniciador)

Quadro 3.3 **LISTA DE iniciadores RAPD**

SL. Não.	Código do Primer	**Nome do iniciador**	**Sequência (5' a 3')**
1.	LC110	Pr 41(GBP	ggACTgCAgA
2.	LC114	Pr 45(GBP)	gACgCCACAC
3.	LC118	Pr 49(GBP)	TCAgAgCgCC
4.	LC120	Pr 51(GBP)	ACAACTgCTC
5.	LC121	Pr 52(GBP)	TgACTgACgC
6.	LC96	Pr 27(GBP)	TTggCACggg
7.	LC97	Pr 28(GBP)	gTgTgCCCCA
8.	LC72	Pr 3(GBP)	AgTCAgCCAg
9.	LC73	Pr 4(GBP)	AATCgggCTg
10.	LC74	Pr 5(GBP)	AggggTCTTg

3.5.6 Análise de dados moleculares:

Os dados do perfil de ADN dos sistemas de marcadores RAPD foram apresentados utilizando o termo "unidade de ensaio". A unidade de ensaio é definida como uma reação que envolve um iniciador. Os produtos de PCR da análise RAPD foram classificados qualitativamente quanto à presença ou ausência. Apenas as bandas claras e aparentemente não ambíguas foram classificadas para RAPD. As bandas RAPD foram classificadas como presentes (1) ou ausentes (0), cada uma das quais foi tratada como um carácter independente, independentemente da sua intensidade. A análise dos dados binários foi efectuada com o programa NTSYS-pc (Numerical Taxonomy System, versão 2.11F, **Rohlf 2005**). O subprograma SIMQUAL foi utilizado para calcular o coeficiente de Jaccard, um estimador comum da identidade ou semelhança genética, e foi calculado da seguinte forma

Coeficiente de Jaccard $= \frac{N_{AB}}{(N_{AB} + N_A + N_B)}$

Onde, NAB é o número de bandas partilhadas pelas amostras, NA representa fragmentos amplificados na amostra A e NB representa fragmentos na amostra B. Foram calculadas matrizes de semelhança com base nestes índices. As matrizes de similaridade foram utilizadas para construir os dendrogramas UPGMA (método de grupos de pares não ponderados com média aritmética) para elucidar a diversidade entre os genótipos estudados. A correlação entre a árvore e as matrizes de similaridade foi estimada por meio do teste de correspondência de matrizes de Mantel (Mantel, 1967). Este teste resulta em correlação produto momento(r) que valida o dendrograma obtido a partir da matriz de similaridade. Para este tipo de correlação matricial, um valor de correlação (r) superior a 0,5 será estatisticamente significativo ao nível de 0,01 de probabilidade se o número de unidades taxonómicas observadas for superior a 15 **(Lapointe e Legendre, 1992).**

Capítulo 4

RESULTADO EXPERIMENTAL

Os resultados experimentais obtidos após uma análise estatística adequada dos dados relevantes recolhidos em algumas linhas de elite de blackgram são apresentados em dois níveis:

4.1 Diversidade a nível morfológico.

4.2 Diversidade a nível molecular.

4.1 Diversidade a nível morfológico.

Os resultados experimentais obtidos são apresentados nos seguintes aspectos.

4.1.1 Análise de médias e variâncias.

4.1.2 Coeficientes de correlação.

4.1.3 Estimativas de variabilidade

4.2 Diversidade a nível molecular.

4.2.1 Extração e quantificação do ADN.

4.2.2 Amplificação RAPD.

4.1.1 Análise de médias e variâncias.

Os desempenhos médios de 30 genótipos de blackgram são categorizados por grupos. Há 7 grupos, incluindo controlos. A gama de variação entre os genótipos é apresentada no Quadro 4.1.1 e os quadrados médios estimados a partir da técnica de análise de variância são apresentados no Quadro 4.1.2.

A análise das médias e das variâncias foi efectuada para todos os 10 caracteres em estudo, num esquema de blocos aleatórios, e os resultados são apresentados nos quadros 4.1.1 e 4.1.2.

4.1.1.1 Dias até 50% de floração

A análise mostrou que a média de dias para 50% de floração entre os genótipos de grama preta variou de 37 dias de PU04-34 a 45 dias de PU06-1 com média geral de 39,27 dias. As estimativas de variância para dias até 50% de floração são altamente significativas, como indicado na Tabela 4.1.2 da ANOVA.

4.1.1.2 Dias até ao vencimento

A análise da média mostrou que os dias até à maturação entre os genótipos de grama preta variaram entre 73,00 (PU04-34) e 76,6 dias (PU06-5), com uma média geral de 74,81 dias. A partir da ANOVA, é evidente que o quadrado médio estimado dos genótipos para dias até a maturidade é altamente significativo. A replicação também mostrou estimativas significativas do quadrado médio para este carácter.

4.1.1.3 Altura da planta (cm)

A altura média das plantas variou de 55,7 (PU02-12) a 98,6 cm (PU06-1), com média geral de 72,04 cm. A análise de variância resultou em estimativas altamente significativas do quadrado médio para a altura da planta entre os genótipos de grama-preta e também mostrou estimativas altamente significativas do quadrado médio das repetições para esse caráter.

Quadro 4.1.1. Desempenho médio do rendimento e caraterísticas que contribuem para o rendimento em algumas linhas de elite de blackgram

S.n.	Genótipos	Dias até 50% de floração	Dias até ao venciment o	Altura da planta (cm)	Ramos primários/p lanta	Aglomera dos/planta	Vagen s/planta	Compri mento da vagem (cm)	Semente s/ vagem	100 peso das semente s (g)	Rendim ento/pla nta (g)
1	PU04-25	38.66	73.66	72.8	2.6	22.6	51.33	4.10	6.7	4.33	11.53
2	PU04-29	39.33	75.33	56.2	3.4	19.3	53.00	4.13	6.8	4.43	12.23
3	PU02 3	40.00	75.33	72.4	3.6	19.3	47.33	4.13	6.7	4.26	11.96
4	PU02-12	39.00	73.00	55.7	2.9	20.3	48.00	3.90	6.1	4.30	11.23
5	PU04-27	38.66	73.66	62.7	3.2	23.6	64.66	4.40	6.0	3.90	16.30

6	PU04-10	38.33	75.00	76.0	2.9	22.6	52.66	4.13	6.1	4.23	13.10
7	PU04-28	39.00	75.00	87.8	3.3	25.3	57.33	4.30	6.8	4.46	16.53
8	PU04-6	38.33	75.00	73.3	3.2	18.3	51.66	4.13	6.8	3.73	11.70
9	PU04-24	39.00	75.00	80.4	3.2	19.6	46.33	4.36	7.0	4.36	11.53
10	PU04-31	37.33	75.00	67.3	2.8	16.6	38.00	4.03	6.2	4.80	8.43
11	PU04-34	37.33	73.00	47.4	3.2	15.3	41.66	4.26	6.2	4.70	9.30
12	PU04-12	37.66	73.33	73.4	3.4	21.0	50.33	4.06	6.3	4.40	11.76
13	PU04-33	38.00	73.33	62.8	3.3	13.0	32.66	4.26	6.3	5.06	7.33
14	PU06-1	45.33	75.00	98.6	2.8	15.6	33.00	3.93	6.6	4.26	7.33
15	PU06-2	38.66	76.00	88.1	2.8	22.6	53.66	3.96	6.7	4.60	13.03
16	PU06-3	39.66	74.33	83.2	4.5	27.0	60.33	4.33	6.8	4.50	13.36
17	PU06-4	37.66	76.33	70.2	3.4	25.0	71.66	4.23	6.0	4.63	14.86
18	PU06-5	40.33	75.33	71.7	3.2	25.6	60.33	3.83	6.2	3.80	15.10
19	PU06-6	39.00	76.66	67.1	3.1	24.6	64.66	3.96	6.2	5.06	15.13
20	PU06-7	40.00	75.66	78.7	2.8	22.0	41.66	4.10	6.2	4.56	9.70
21	PU06-8	39.33	74.33	80.4	3.0	20.3	44.66	4.13	6.6	4.16	11.20
22	PU06-9	40.00	75.00	77.2	3.2	19.6	48.00	4.10	7.0	4.33	13.76
23	PU06-10	40.00	74.66	80.4	2.2	19.0	43.00	4.06	6.0	4.36	10.90
24	PU06-11	39.66	76.33	64.0	3.0	23.3	57.00	3.96	6.1	4.46	16.46
25	PU06-12	38.66	74.33	75.4	3.8	22.6	47.33	4.06	6.0	4.50	11.96
26	PU06-13	39.66	74.33	70.6	3.4	19.6	50.00	3.83	6.1	4.30	11.86
27	**PU-19(verificar)**	41.00	75.16	71.1	2.9	18.8	45.26	4.13	6.7	4.20	10.90
28	**PU-35(verificar)**	41.66	75.16	79.4	2.4	21.6	42.93	4.20	6.9	4.43	11.26
29	**PU-31(verificar)**	37.66	74.50	48.8	3.2	17.8	59.76	4.0	7.0	4.20	13.10
30	**PU-40(verificar)**	39.33	75.5	67.2	3.3	21.0	65.73	4.16	6.7	4.36	12.76
	Média	**39.28**	**74.81**	**72.04**	**3.18**	**20.80**	**50.80**	**4.11**	**6.49**	**4.39**	**12.19**
	SEm	**0.42**	**0.35**	**7.01**	**0.28**	**2.16**	**5.08**	**0.04**	**0.11**	**0.10**	**1.62**
	C.D. em 5%	**1.18**	**0.99**	**19.84**	**0.78**	**6.12**	**14.36**	**0.12**	**0.31**	**0.28**	**4.59**

	C.V. (%)	1.85	0.81	16.86	15.11	18.02	17.31	1.79	2.94	4.01	23.06

Tabela 4.1.18 : Análise de variância para rendimento e caraterísticas que contribuem para o rendimento em blackgram

Source of variation	Grau de liberdade de domínio -	Quadrados médios									
		Dias até 50% de floração	Dias até ao vencimento	Altura da planta (cm)	Primeiros ramos/ instalações	Aglomerados/planta	Vagens/planta	Comprimento da vagem (cm)	Sementes/ vagem	100 peso da semente (g)	Rendimento/ plant (g)
Replicação	2	0.344	1.336*	977.622 **	0.290	38.242	378.733 *	0.015	0.072	0.010	10.162
Tratamento	29	7.197**	2.751**	380.313 **	0.539* *	32.143**	272.243 **	0.065* *	0.353**	0.257**	17.412 **
Erro	58	0.528	0.368	147.477	0.230	14.045	77.285	0.005	0.036	0.030	7.899
	C.D. a 5%	1.18	0.99	19.84	0.78	6.12	14.36	0.12	0.31	0.28	4.59
	C.V. (%)	1.850	0.810	16.857	15.113	18.017	17.305	1.795	2.940	4.005	23.056

Fonte	DF	Quadrado médio									
		Dias até 50% de floração	Dias até ao vencimento	Altura da planta (cm)	Ramos primários/ fábrica	Aglomerados/ fábrica	Pods/ fábrica	Comprimento da vagem (cm)	Sementes/ vagem	100 peso da semente (g)	Rendimento/ plant (g)

Replicações	2	0.25	1.3	977.6	0.29	31.3	371.5	0.01	0.06	0.005	10.13
Entradas	29	7.25**	2.8**	380.3**	0.54**	32.8**	271.5**	0.06*	0.35**	0.259**	17.39**
Erro	58	0.52	0.4	147.5	0.23	13.8**	77.2	0.01	0.04	0.032	7.90
Cheques vs. outros	1	2.47**	1.0	399.4	0.44	12.3	98.6	0.00	1.84*	0.137*	0.51
G1vsG2	1	1.33	4.7*	792.2**	0	81.7	494.1	0.01	0.22*	0.000	0.19
G2vsG3	1	10.50**	1.8*	1.0	0.21	1.5**	0.0	0.00	0.00	0.017	5.11
G3vsG4	1	1.47	0.4	557.0	0.14	13.0**	404.5**	0.03	0.19*	0.399*	31.26*
dentro de G1	7	17.33**	3.1**	330.9**	1.09**	42.5**	457.2**	0.06*	0.29*	0.406*/	20.67*
no G2	7	1.43**	2.3**	243.9	0.66**	29.6**	159.2**	0.04*	0.42*	0.224*	20.05*
no G3	4	1.73**	3.1*	273.5	0.15	15.7**	93.3**	0.09*	0.40*	0.151*	8.75
No âmbito do G4	2	6.78**	4.3**	454.1**	0	88.0**	451.8**	0.25*	0.05	0.704*	42.02*
ch vs G1	1	0.00	0.5	1223.5**	0.32	45.2**	0.0	0.00	0.87*	0.218*	0.06
ch vs G2	1	0.89	1.1	143.9	0.38	0.4*	333.7**	0.01	1.73*	0.219*	0.01
ch vs G3	1	13.07**	4.4**	101.7	0.03	0.2*	276.3**	0.00	1.58*	0.100	4.06
ch vs G4	1	4.06**	6.0**	187.9	0.25	14.8**	21.4**	0.01	2.32*	0.106	12.78
ch vs G5	1	1.07	0.0	1071.9**	0.27	76.1**	39.2*	0.07*	0.01	0.077	48.96**
ch vs G6	1	0.27	0.1	78.9	1.07**	0.5*	87.1*	0.00	0.02	0.001	0.00

*,** Significativo a 5% e 1%, respetivamente

4.1.1.4 Ramos primários/planta

A análise média mostrou que o genótipo PU06-10 teve o menor número de ramos primários (2,2), enquanto o genótipo PU06-3 teve o maior número de ramos primários (4,5). Em média, foi observado um número de 3,18 ramos primários entre os genótipos testados. A estimativa do quadrado médio é altamente significativa para este carácter.

4.1.1.5 Aglomerados/planta

A análise da média mostrou que PU04-34 apresentou o maior número de cachos/planta (27,0) e PU06-3 o menor (15,3). A média geral de cachos/planta foi calculada em 20,8. A análise de variância para este carácter foi considerada altamente significativa.

4.1.1.6 Vagens/planta

Em média, foi observado um número de 50,8 vagens/planta nos diferentes genótipos desta experiência. A análise de médias mostrou que as vagens/planta variaram de 32,6 (PU04-33) a 65,7 (PU-40). A variância estimada como quadrado médio (272,24) da ANOVA foi considerada altamente significativa para vagens/planta entre os genótipos

4.1.1.7 Comprimento da vagem (cm)

A análise da média mostrou que o comprimento médio das vagens variou de 3,8 cm (PU06-5) a 4,4 cm (PU02-12). O comprimento médio geral das vagens foi de

1.1.1.1 entre os genótipos. A tabela ANOVA mostrou que a variância estimada (0,065) para o comprimento da vagem é altamente significativa.

4.1.1.8 Sementes/podas

A análise da média mostrou que a média de sementes/pod variou de 6,0 (PU04-27) a 7,0 (PU06-9) com média geral de 6,49. A variância estimada como quadrado médio (0,3525) da ANOVA foi considerada altamente significativa para sementes/pod entre os genótipos.

4.1.1.9 Peso do ensaio [peso de 100 sementes (g)]

A análise mostrou que a média do peso de 100 sementes variou de 3,8 g (PU06-5) a 4,8 g (PU04-31) com média geral de 4,39 g. A tabela ANOVA mostrou que a variância estimada (0,2575) para o comprimento da vagem é altamente significativa.

4.1.1.10 Rendimento/planta (g)

O rendimento médio de grãos/planta foi maior (16,5 g) no genótipo PU04-28 e menor no genótipo PU06-2 (7,3 g). O rendimento médio geral/planta entre os genótipos foi obtido como 12,19 g. A variância estimada como quadrado médio (17,41) da ANOVA foi considerada altamente significativa para o rendimento/planta entre os genótipos.

Análise da média e da variância (dados agrupados)

Os desempenhos médios de trinta genótipos de grama preta foram categorizados por grupos com base na relação de pedigree. Existem 7 grupos, incluindo controlos. O cálculo da média e da amplitude foi efectuado para 10 caracteres, ou seja, dias até à floração, dias até à maturação, altura da planta (cm), ramos primários, cachos/planta, vagens/planta, comprimento da vagem, sementes/vagem, peso de 100 sementes (g) e rendimento/planta (g). A ANOVA de grupo é apresentada na Tabela 4.1.3, na qual as variâncias genotípicas foram divididas em componentes que consistem em variâncias intra e intergrupos e a gama de variação entre 7 grupos de genótipos é apresentada na Tabela 4.1.4

A análise mostrou que os dias para 50% de floração variaram de 37 a 46 dias. O grupo de controlo (VII) apresentou um valor médio de 40 dias com um intervalo de 37 a 40 dias para 50% de floração. A ANOVA de grupo é indicada por estimativas significativas de quadrado médio para controlos vs. outros, especificamente altamente significativas com o grupo III e IV. As estimativas de variância dentro do grupo também são significativas nos grupos I, II, III e IV, como mostra a Fig. 4.1.

A maior amplitude de variação nos dias até à maturidade foi observada nos grupos I e II (73-77 dias). Os grupos IV, V, VI e VII apresentaram a mesma amplitude de variação, ou seja, 73-76 dias, enquanto o grupo III apresentou uma variação semelhante (73-75 dias). A partição ANOVA mostrou que os controlos apresentaram estimativas significativas de quadrados médios apenas com os grupos III e IV para os dias até à maturidade. As estimativas de variância também são significativas dentro dos grupos I, II, III, IV e entre os grupos I & II e I & III, como mostra a Fig. 4.1.

A altura da planta só mostrou uma estimativa significativa do quadrado médio dentro do grupo I & IV; entre os grupos I & II, grupos VII (controlos) vs. I, VII vs. V. A altura média da planta variou de 35,6-106,0 cm, enquanto no grupo de controlo variou de 36-87 cm, como mostrado na Fig. 4.1.

Foi observada pouca variação nos ramos primários/planta, tanto dentro do grupo como entre grupos. Apenas foram estimados quadrados médios significativos dentro dos grupos I e II, entre o controlo e o grupo VI. O valor médio do número de ramos primários/planta variou entre 1,8 e 4,4, com uma média geral de 3, como mostra a Fig. 4.1.

Estimativas significativas do quadrado médio observadas para os cachos/planta dentro dos grupos I, II, III, IV e entre o controlo e os outros grupos. A variação entre o grupo II vs. III e o grupo III vs. IV também foi significativa para cachos/planta. A amplitude de variação para este carácter foi de 11 a 33, como se pode ver na Fig. 4.2.

As vagens/planta apresentaram estimativas significativas do quadrado médio nos grupos I, II III e IV, mas o grupo I vs. grupo II e o grupo II vs. grupo II não foram significativos. Exceto no grupo I, os outros grupos apresentaram quadrados médios significativos com controlos, como se mostra na Fig. 4.2.

Embora os quadrados médios dentro do grupo tenham sido considerados significativos, os quadrados médios entre grupos ou com controlos não foram considerados significativos, exceto controlos vs. Grupo V.

Estimativas de variância não significativas observadas dentro do grupo IV e entre os grupos II vs. III para sementes/pod. Quadrado médio significativo também observado para o controlo vs. Grupo II, II, III e IV como mostrado na Fig. 4.3.

Quando comparados com o controlo, os genótipos diferem significativamente para o peso de 100 sementes, o que se deve a variâncias significativas entre o controlo e os grupos I e II. Mas observou-se uma variação não significativa para o grupo 1 vs II e grupo II vs III, como se mostra na Fig. 4.2.

Apenas o grupo V difere significativamente do controlo no que diz respeito ao quadrado médio estimado. Mas também se observaram quadrados médios significativos nos grupos I, II e IV.

4.1.2 Coeficientes de correlação

O coeficiente de correlação genotípica, fenotípica e ambiental estimado entre pares de caracteres para todos os 10 caracteres quantitativos entre os 30 genótipos é apresentado no Quadro 4.1.2.1, Quadro 4.1.2.2 e Quadro 4.1.2.3, respetivamente

Coeficientes de correlação genotípica

Os coeficientes de correlação genotípica entre os diferentes caracteres são apresentados no quadro 4.1.2.1

Dias até à floração

Os dias até à floração mostraram uma correlação positiva altamente significativa com a altura da planta (0,749) e com as sementes/espiga (0,285). Os dias até à maturidade também mostraram uma correlação positiva e significativa (0,264) com os dias até 50% da floração. As vagens/planta apresentaram uma correlação negativa altamente significativa (-0,278) com os dias até 50% de floração. Também apresentou correlação negativa mas significativa com ramos primários (-0,277), cachos/planta (-0,114), comprimento da vagem (-0,278) , peso de 100 sementes (-0,262) e rendimento/planta (-0,297). As sementes/espiga (0,285) apresentaram uma correlação positiva e não significativa com os dias até 50% de floração.

Dias até ao vencimento

Os dias até à maturidade mostraram uma correlação positiva altamente significativa com a altura da planta (0,378), cachos/planta (0,594), vagens/planta (0,517) e produção/planta (0,6768), enquanto a correlação positiva e não significativa com sementes/vagem (0,125) e peso de 100 sementes (0,114). O comprimento das vagens apresentou uma correlação significativa mas negativa (-0,252) e os ramos primários/planta (-0,055) apresentaram uma correlação não significativa mas negativa com os dias até à maturidade.

Altura da planta

Foi observada uma correlação altamente significativa e positiva com o cacho (0,455) e as sementes/planta (0,278), enquanto que uma correlação não significativa mas positiva foi observada com os ramos primários/planta (0,038) e o comprimento da vagem (0,052). As vagens/planta apresentaram uma correlação significativa mas negativa (-0,232), enquanto que o peso de 100 sementes (-0,112) e a produção/planta (-0,0657) apresentaram uma correlação negativa e não significativa com a altura da planta.

Ramos primários/planta

Os ramos primários/planta mostraram uma correlação positiva e altamente significativa com os cachos/planta (0,333), vagem/planta (0,423) e comprimento da vagem (0,36), enquanto que a correlação positiva mas não significativa com a altura da planta (0,038), sementes/vagem (0,15) e rendimento/planta (0,191). Os dias até 50% de floração mostraram uma correlação negativa mas significativa (0,277) e os dias até à maturidade (-0,055), o peso de 100 sementes (0,008) mostrou uma correlação negativa mas não significativa com os ramos primários/planta.

Aglomerados/planta

Foi observada uma correlação positiva e altamente significativa com os dias até à maturidade (0,594), altura da planta (0,455), ramos primários/planta (0,333), vagem/planta (0,897) e rendimento/planta (0,936), enquanto foi observada uma correlação positiva mas não significativa com o comprimento da vagem (0,008). A semente/vagem (-0,150) e o peso de 100 sementes (-0,17) apresentaram uma correlação negativa mas não significativa com os cachos/planta.

Vagens/planta

As vagens/planta apresentaram uma correlação altamente significativa e positiva com os ramos primários/planta (0,368) e a produção/planta (0,938), enquanto uma correlação positiva mas não significativa com o comprimento das vagens (0,008) e a altura da planta (0,052). Foi observada uma correlação negativa mas significativa com os dias até à maturidade (-0,252), enquanto que uma correlação negativa mas não significativa com as sementes/vagem (-0,081) e o peso de 100 sementes (-0,179).

Comprimento da cápsula

Foi observada uma correlação positiva e altamente significativa com ramos primários/planta (0,368), enquanto que foi observada uma correlação positiva e significativa com sementes/espiga (0,247). Rendimento/planta (0,089),peso de 100 sementes (0,135), ramos primários ramos/planta (0,156) apresentou uma correlação positiva mas não significativa com o comprimento das vagens.

Sementes/espiga

As sementes/vagem apresentaram uma correlação positiva altamente significativa com a altura da planta e uma correlação positiva significativa com os dias até 50% de floração (0,285) e o comprimento da vagem (0,247). Também mostrou correlação negativa não significativa com cachos/planta (0,150), vagens/planta (-0,081), peso de 100 sementes - (0,201) e rendimento/planta (-0,058), enquanto os dias até a maturidade (0,125) e ramos primários/planta (0,156) mostraram correlações positivas não significativas.

100 peso da semente

Foi observada uma correlação altamente significativa e negativa com a produção/planta (0,359) e uma correlação negativa significativa com os dias até 50% de floração (-0,262). Entre outros caracteres, exceto o comprimento da vagem (0,135) e os dias até à maturação (0,114), todos mostraram uma correlação não significativa mas negativa com o peso de 100 sementes.

Rendimento/planta

O rendimento/planta apresentou uma correlação positiva altamente significativa com os dias até à maturação (0,677), cachos/planta (0,936) e vagens/planta (0,938), enquanto uma correlação negativa altamente significativa com o peso de 100 sementes (-0,359). O comprimento das vagens (0,089) e os ramos primários/planta (0,191) apresentaram uma correlação positiva mas não significativa com o rendimento/planta. Os dias até 50% de floração apresentaram uma correlação negativa significativa, enquanto a altura da planta (-0,066) e as sementes/planta apresentaram uma correlação negativa, mas não significativa, com o rendimento/planta.

4.1.2.2. Coeficientes de correlação fenotípica

Os coeficientes de correlação fenotípica entre os diferentes caracteres são apresentados no quadro 4.1.2.2.

Os dias até à floração mostraram uma correlação positiva altamente significativa com a altura da planta (0,398); e uma correlação positiva significativa com os dias até à maturidade (0,209). Os cachos/planta (0,017), as sementes/pod 0,15 e a produção/planta apresentaram uma correlação positiva mas não significativa com os dias até 50% de floração. Foi observada uma correlação negativa significativa com o peso de 100 sementes (-0,216) e uma correlação negativa não significativa com ramos primários/planta (-0,15), vagens/planta (-0,204), comprimento das vagens (0,20) e rendimento/planta (0,107).

Quadro 4.1.2.1 Coeficientes de correlação genotípica entre diferentes caraterísticas que contribuem para a produção de grama-preta

Personagens	Dias para 50% de floração	Dias até à maturidade	Altura da planta (cm)	Primar y branches/ plant	Clusters/ instalações	Vagens /planta	Comprimento da vagem (cm)	Sementes / vagem	100 peso da semente (g)	Rendimento/planta (g)
Dias até 50% de floração	1	0.264*	0.749**	-0.277*	-0.114	0.403**	-0.278*	0.285*	-0.262*	-0.297*
Dias até ao vencimento		1	0.378**	-0.055	0.594**	0.517**	-0.252*	0.125	0.114	0.677**
Altura da planta (cm)			1	0.038	0.455**	-0.232*	0.052	0.278**	-0.111	-0.066
Ramos primários/plant				1	0.333**	0.423**	0.368**	0.156	-0.008	0.191
Aglomerados/ plano					1	0.897**	0.008	-0.150	-0.176	0.936**
Vagens /planta						1	0.088	-0.081	-0.179	0.938**
Comprimento da vagem (cm)							1	0.247*	0.135	0.089
Sementes/espiga								1	-0.201	-0.058
100 sementes em peso. (g)									1	0.359**
Rendimento/ plant (g)										1

*,** Significativo a 5% e 1%, respetivamente

Tabela 4.1.2.2. Coeficientes de correlação fenotípica entre diferentes caraterísticas que contribuem para a produção de grama preta

Personagens	Dias para 50% de floração	Dias até à maturidade	Altura da planta (cm)	Primary branches/plant	Clusters/plant	Vagens /planta	Comprimento da vagem (cm)	Sementes / vagem	100 peso da semente (g)	Rendimento/planta (g)

Dias até 50% de floração	1	0.209*	0.398* *	-0.154	0.017	-0.204	-0.201	0.159	0.216*	-0.107
Dias até ao vencimento		1	0.231*	-0.096	0.204	0.213*	-0.107	0.100	0.082	0.159
Altura da planta (cm)			1	-0.168	0.137	-0.167	-0.024	0.147	-0.083	-0.039
Ramos primários/pl ant				1	0.207	0.299*	0.159	0.069	0.065	0.277* *
Aglomerados/p l ant					1	0.627* *	0.076	-0.117	-0.135	0.715* *
Vagens /planta						1	0.064	-0.004	-0.221*	0.815* *
Comprimento da vagem (cm)							1	0.226	0.063	0.033
Sementes/espig a								1	-0.172	-0.013
100 peso da semente (g)									1	-0.186
Rendimento/ plant (g)										1

*,** Significativo a 5% e 1%, respetivamente

Os dias até à maturação apresentaram uma correlação positiva significativa com a altura da planta (0,231) e vagens/planta (0,213). Os cachos/planta (0,204), as sementes/vagem (0,100), o peso de 100 sementes (0,082) e a produção/planta (0,159) apresentaram uma correlação positiva mas não significativa com os dias até à maturação. Também apresentou correlação negativa não significativa com ramos primários/planta (-0,096) e comprimento da vagem (-0,107).

Nenhum carácter apresentou correlação significativa com a altura da planta. Foi observada uma correlação positiva com cachos/planta (0,137), sementes/planta (0,147) e uma correlação negativa com ramos primários/planta (-0,168), vagens/planta (-0,167), comprimento da vagem (0,024), peso de 100 sementes (-0,083) e rendimento/planta (-0,039).

O número de ramos primários/planta apresentou uma correlação positiva altamente significativa com o rendimento/planta (0,277) e uma correlação positiva não significativa com os dias até à maturidade (0,299). Todos os outros caracteres apresentaram correlação positiva, mas não significativa, com ramos primários/planta.

Os cachos/planta apresentaram uma correlação positiva altamente significativa com as vagens/planta (0,627) e a produção/planta (0,715). Com exceção das sementes/vagem (-0,117) e do peso de 100 sementes (0,135), todos os outros caracteres apresentaram uma correlação positiva não significativa com os cachos/planta.

As vagens/planta apresentaram uma correlação altamente significativa e positiva com a produção/planta (0,815) e os cachos/planta (0,627). Os dias até à maturidade (0,213) e os ramos primários/planta (0,299) apresentaram correlações positivas significativas, enquanto o peso de 100 sementes (-0,221) apresentou correlações negativas significativas com as vagens/planta. A correlação com os dias até 50% de floração (-0,204), a altura da planta (-0,167) e as sementes/planta (-0,004) foi negativa e não significativa, enquanto a correlação com o comprimento da vagem foi positiva e não significativa (0,064).

Não foram observadas correlações significativas positivas ou negativas com o comprimento das vagens. Todos os caracteres, exceto os dias até 50% de floração (-0,201), os dias até à maturidade (0,107) e a altura da planta (-0,024) apresentaram uma correlação positiva não significativa com o comprimento da vagem.

As sementes/ vagem não mostraram qualquer correlação positiva ou negativa significativa com outros caracteres. Apenas os cachos/planta (-0,117) e as vagens/planta (-0,004) apresentaram correlação negativa, enquanto os outros apresentaram correlações positivas não significativas com as sementes/planta.

O peso de 100 sementes não mostrou qualquer correlação positiva significativa com outros caracteres. Dois caracteres: dias até 50% de floração e vagens/planta apresentaram correlação negativa significativa, enquanto a altura da planta, cachos/planta, sementes/vagem e rendimento/planta apresentaram correlações negativas não significativas com o peso de 100 sementes.

O rendimento/planta apresentou uma correlação altamente significativa mas positiva com ramos primários/planta (0,277), cachos/planta (0,715) e vagens/planta (0,815). Os dias até à maturação (0,159) e o comprimento das vagens (0,033), embora tenham mostrado uma correlação positiva com a produção/planta, não foram significativos. Outros quatro caracteres, nomeadamente dias até 50% de floração (-0,107), altura da planta (-0,039), peso de 100 sementes (-0,186) e sementes/planta (-0,013).

4.1.2.3 Coeficientes de correlação ambiental

Os coeficientes de correlação ambiental entre os diferentes caracteres são apresentados no quadro 4.1.2.3

Os dias até 50% de floração mostraram uma correlação positiva altamente significativa com as sementes/planta (0,278) e uma correlação positiva significativa com os cachos/planta (0,200). Os dias até à maturidade (0,052), a altura da planta (0,009), as vagens/planta (0,126), o comprimento das vagens (0,103) e a produção/planta (0,098) apresentaram uma correlação positiva, enquanto os ramos primários/planta (0,043) e o peso de 100 sementes (-0,075) apresentaram uma correlação negativa não significativa com os dias até 50% da floração.

Os dias até à maturidade mostraram uma correlação positiva altamente significativa com o comprimento das vagens (0,298) e uma correlação negativa significativa com a produção/planta (-0,295). Entre os restantes caracteres, exceto cachos/planta (-0,139), vagens/planta (-0,183), todos os outros caracteres apresentaram correlações não significativas mas positivas.

A altura da planta mostrou uma correlação negativa significativa com os ramos primários (-0,268). Com exceção dos dias até à maturação (0,152) e das sementes/espiga (0,015), todos os outros caracteres apresentaram correlações negativas e não significativas com a altura da planta.

Os ramos primários apresentaram uma correlação altamente positiva com a produção/planta (0,314). As vagens/planta (0,229) mostraram uma correlação positiva significativa, enquanto a altura da planta (-0,268) mostrou uma correlação negativa significativa com os ramos primários/planta. Outros caracteres mostraram coeficientes de correlação não significativos ou na direção positiva.

Os cachos/planta apresentaram uma correlação positiva altamente significativa com as vagens/planta (0,478) e a produção/planta (0,624). O comprimento das vagens (0,185) e os ramos primários/planta (0,151) apresentaram uma correlação positiva não significativa com os cachos/planta. Apresentou uma correlação negativa não significativa com sementes/planta (-0,109), dias até à maturidade (- O,139), altura da planta (-0,014) e peso de 100 sementes (-0,119).

As vagens/planta mostraram uma correlação positiva altamente significativa com os cachos/planta (0,478) e a produção/planta (0,765). O peso de cem sementes (-0,298) mostrou uma correlação negativa altamente significativa com vagens/planta.

O comprimento das vagens mostrou uma correlação positiva altamente significativa com os dias até à maturidade (0,298), mas mostrou uma correlação negativa não significativa com o peso de 100 sementes (-0,153) e o rendimento/planta (-0,024).

As sementes/espiga apresentaram uma correlação positiva altamente significativa com os dias até 50% de floração (0,278), mas uma correlação positiva não significativa com o rendimento/planta (0,033).

O peso das cem sementes mostrou uma correlação altamente significativa e negativa com as vagens/planta, enquanto a correlação negativa não significativa com o rendimento/planta (0,052).

4.1.3. Estimativas de variabilidade, hereditariedade e avanço genético

4.1.3.1 Estimativas de variabilidade

O coeficiente de variação a nível genotípico (GCV), fenotípico (PCV) e ambiental (ECV), o avanço genético do terreno em percentagem da média e a hereditariedade (%) são apresentados no Quadro 4.1.3.1. A partir desta tabela, é evidente que o PCV estimado foi maior do que o GCV para todos os caracteres em estudo. O estudo comparativo do coeficiente de variação em vários caracteres revelou uma contribuição relativamente elevada da variação genotípica na determinação da variação fenotípica total para a maioria dos caracteres.

a) Coeficiente de variação genotípica

As vagens/planta apresentaram o maior GCV (15,87%), seguido pelo rendimento de grãos/planta (14,61%), altura da planta (12,23%) e cachos/planta (11,81%). O menor coeficiente de variação genotípica (GCV), 1,19%, foi observado para dias até a maturidade.

b) Coeficiente de variação fenotípica

O rendimento de grãos/planta apresentou o maior PCV (27,29%), seguido de vagens/planta (23,48%), cachos/planta (21,54%), altura da planta (20,83%) e ramos primários/planta (18,18). O menor coeficiente de variação fenotípica (PCV), de 3,87%, foi observado no comprimento das vagens.

c) Coeficiente de variação ambiental

O intervalo do coeficiente de variação ambiental (ECV) foi observado (1,796) para o comprimento da vagem a (23,956) para o rendimento/planta.

4.1.3.2 Hereditariedade (sentido lato)

O valor mais alto de hereditariedade estimada (sentido amplo) foi obtido para dias até 50 % de floração (80,8 %), seguido por vagens/planta (78,4 %), comprimento de vagem (78,5 %), sementes/vagem (74,4 %), peso de 100 sementes (71,1 %) e dias até a maturidade (68,3%). As estimativas de hereditariedade em sentido amplo não foram altas para os caracteres *viz.* altura da planta (34,5 %), ramos primários (30,9 %) e cachos/planta (30,0 %) e rendimento/planta (28,6 %). As vagens/planta apresentaram valores moderados de hereditariedade (0,45%). **4.1.3.3 Avanços genéticos**

O avanço genético ao nível de 5 por cento variou de 0,25 para o comprimento da vagem a 11,22 vagens/planta. Para além das vagens/planta, a altura da planta também apresentou um avanço genético elevado de 10,65 ao nível de 5 por cento. Ramos primários/planta (0,36), comprimento da vagem (0,25), sementes/vagem (0,57) e peso de 100 sementes (0,47) apresentaram avanço genético menor que um. Quando o avanço genético é calculado como percentagem da média vagens/planta apresentou o valor mais alto (22,0%) seguido de produção/planta (16,1%), altura da planta (14,7), cachos/planta (13,3) e peso de 100 sementes (10,8).

Quadro 4. 1. 3.1 Média, GCV, PCV, hereditariedade (sentido lato) e avanço genético de diferentes rendimentos caraterísticas que contribuem para o blackgram

Personagens	Média±S E	Gama	C.V. (%)	G.C.V. (%)	P.C.V. (%)	Hereditariedade (sentido lato) %	Avanço genético a 5%	G.A. em% da média (5%)
Dias até à floração	39.27±0.42	36.5-46.0	1.85	3.79	4.22	80.8	2.76	7.029
Dias até ao vencimento	74.81±0.35	73.0-77.0	0.81	1.19	1.44	68.4	1.51	2.029
Altura da planta (cm)	72.03±7.01	35.6 106.2	16.85	12.2	20.82	34.5	10.65	14.7

Ramos primários/planta	3.17±0.2 **8**	1.8-4.8	15.11	10.10	18.17	30.9	0.36	11.5
Aglomerados/planta	20.80±2. **16**	11.4-33.4	18.01	11.80	21.5	30.0	2.77	13.3
Vagens/planta	50.80±5. **07**	24.6-87.6	17.30	15.86	23.4	45.7	11.22	22.0
Comprimento da vagem (cm)	4.10±0.**4 3**	3.73-4.5	1.79	3.43	3.8	78.5	0.25	6.2
Sementes/espiga	6.48±0.**1 1**	5.8-7.3	2.94	5.0	5.8	74.3	0.57	8.8
100 peso das sementes (g)	4.39±0.**1 0**	3.57-5.2	4.00	6.26	7.43	71.0	0.47	10.8
Rendimento/planta (g)	12.19±1. **62**	5.0-21.0	23.05	14.60	27.2	28.6	1.96	16.1

4.2 Diversidade a nível molecular

4.2.1 . Polimorfismo de marcadores

Os dados do perfil de ADN para os sistemas de marcadores RAPD foram apresentados utilizando o termo "unidade de ensaio". A amplificação do ADN genómico dos 30 genótipos, utilizando 10 iniciadores para a análise RAPD, produziu 89 fragmentos que foram pontuados. Todos os iniciadores escolhidos amplificaram fragmentos nos 30 genótipos estudados, com o número de fragmentos amplificados variando de 5 (LC 97) a 12 (LC 73 e LC 110) e que variaram em tamanho de 200 pb a 2500 pb. Das 89 bandas amplificadas, 68 eram polimórficas, com uma média de 6,8 fragmentos polimórficos/primer. A percentagem de polimorfismo variou entre 60,0% (LC-97) e um máximo de 83,3% (LC-73), com uma média de 75,71% de polimorfismo. Apenas três dos 10 primers apresentaram mais de 80% de polimorfismo. A Figura 1 representa a extensão do polimorfismo observado entre os genótipos de grama-preta, conforme revelado pelo iniciador LC-73. Enquanto que nas figuras 2 e 3 (a e b) o polimorfismo pelos primers LC-71 e LC-74 foi mostrado.

4.2.2 Análise de dendrogramas

Um dendrograma baseado na análise UPGMA agrupou os 30 genótipos em 4 grupos principais, com o coeficiente de similaridade de Jaccard variando de 0,63 a 1,00 (figura 4.3.2). Dois genótipos (PU06-1 e PU04-25) agruparam-se em dois grupos diferentes mais afastados - grupo I e grupo II, respetivamente. Enquanto os restantes 28 genótipos foram

O maior agrupamento foi subdividido em dois subagrupamentos, nomeadamente o subagrupamento II-1, constituído por 21 genótipos, e o subagrupamento II-2, constituído por 2 genótipos (PU06-5 e PU06-6). O maior grupo foi ainda subdividido em dois subgrupos, nomeadamente o subgrupo II-1, constituído por 21 genótipos, e o subgrupo II-2, constituído por 2 genótipos (PU06-5 e PU06-6), PU06-10, PU06-13, PU06-11 e PU06-12 apresentaram semelhança

e estes quatro genótipos apresentaram coeficientes de semelhança iguais aos de todos os outros genótipos de . Do mesmo modo, PU06-4 e PU06-9 também apresentaram um coeficiente de semelhança de valor "1". O mesmo valor do coeficiente de similaridade foi observado entre Pant U 19 e Pant U 35 (0,96); entre PU06-7 e PU06-8 (0,96); PU06-5 e PU06-6 (0,96); Pant U 31 e PU06-3 (0,98); PU04-6 e PU04-28 (0,98).

Tabela 3. Primer RAPD: suas sequências de dados sobre o perfil de DNA e polimorfismo gerado em 30 genótipos de grama-preta usando 10 primers RAPD.

SL. Não.	**Nome do iniciador**	**Sequência (5' a 3')**	N.º total de bandas	N.º de bandas monomórficas	N.º de bandas polimórficas	Polimorfismo (%)
1.	LC110	GGACTGCAG A	12	3	9	75.0
2.	LC114	GACGCCACA C	9	2	7	77.8
3.	LC118	TCAGAGCGC C	8	2	6	75.0
4.	LC120	ACAACTGCT C	8	2	6	75.0
5.	LC121	TGACTGACG C	10	2	8	80.0
6.	LC96	TTGGCACGG G	6	1	5	83.3
7.	LC97	GTGTGCCCC A	5	2	3	60.0
8.	LC72	AGTCAGCCA G	8	2	6	75.0
9.	LC73	AATCGGGGCT G	12	2	10	83.3
10.	LC74	AGGGGTCTT G	11	3	8	72.7
		Total	89	21	68	75.71

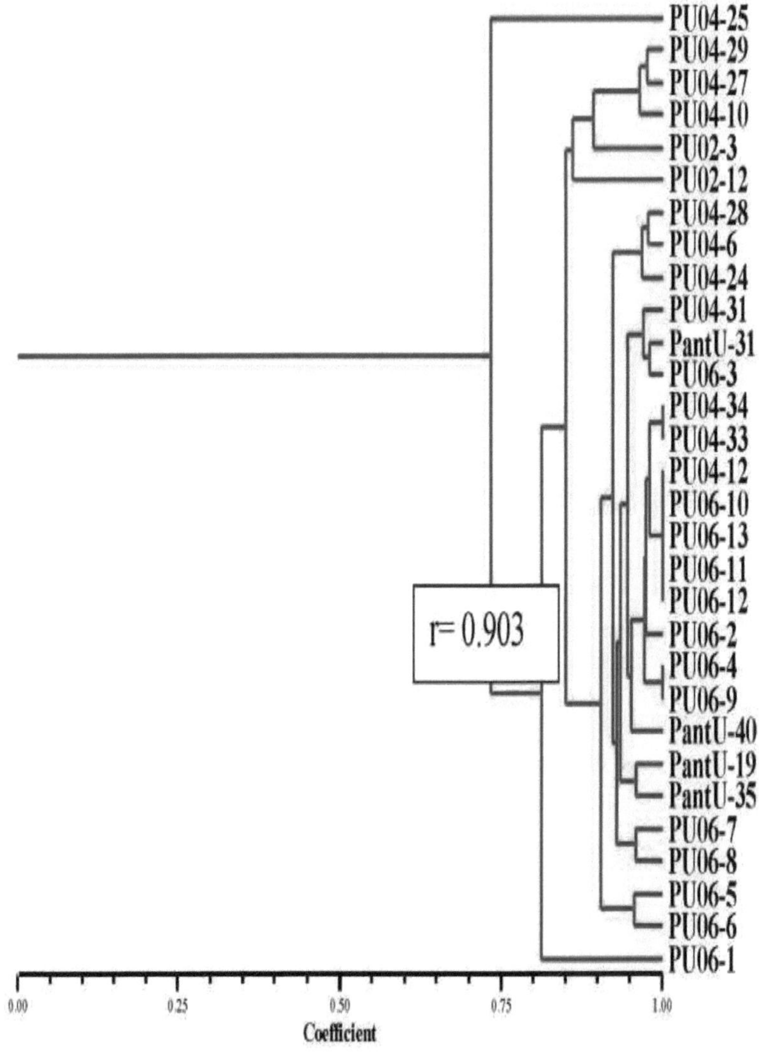

Fig 4.2.2: Dendrograma de genótipos de grama-preta com base na análise RAPD. 'r' é o coeficiente de correlação cofenética do teste de Mentel que revela a exatidão do diagrama de árvore

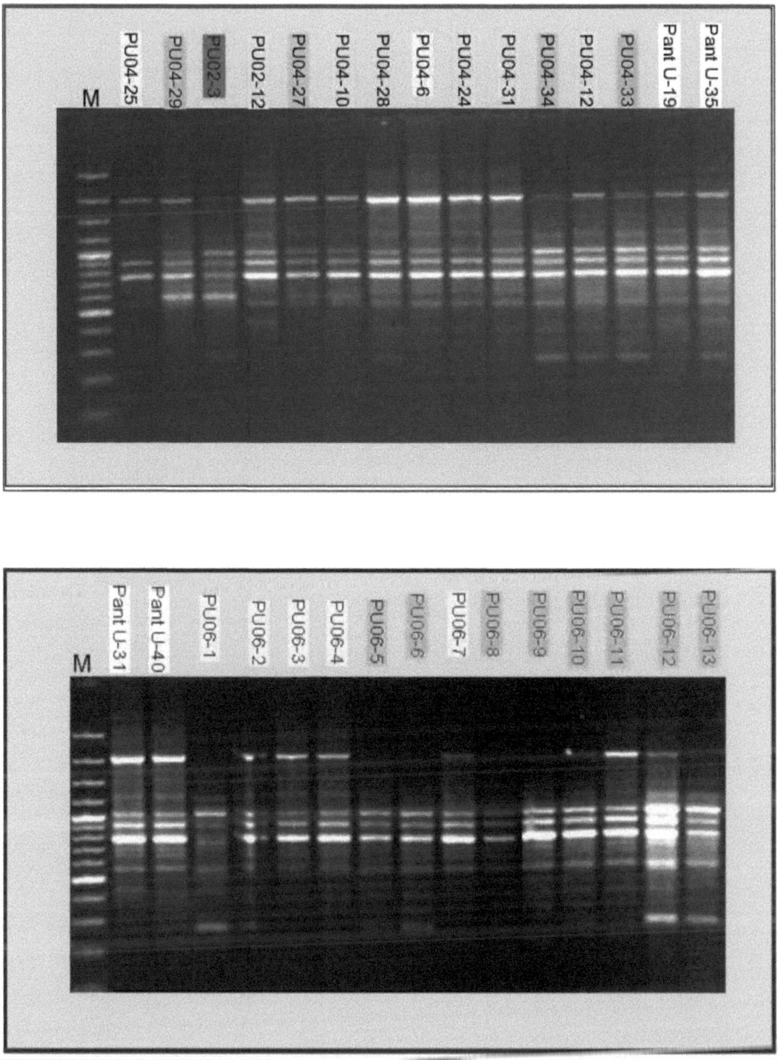

Fig. 1. Perfil do ADN polimórfico amplificado ao acaso (RAPD) de 30 genótipos de grama-preta, incluindo 4 variedades de controlo. A amplificação foi efectuada com o iniciador LC 73 (5'-AATCGGGCTG-3'). A linha M indica o marcador de ADN X duplamente digerido com *EcoRI* e *Hind III*. A cor diferente das entradas de blackgram indica a semelhança da sua origem em cruzamentos intra-específicos.

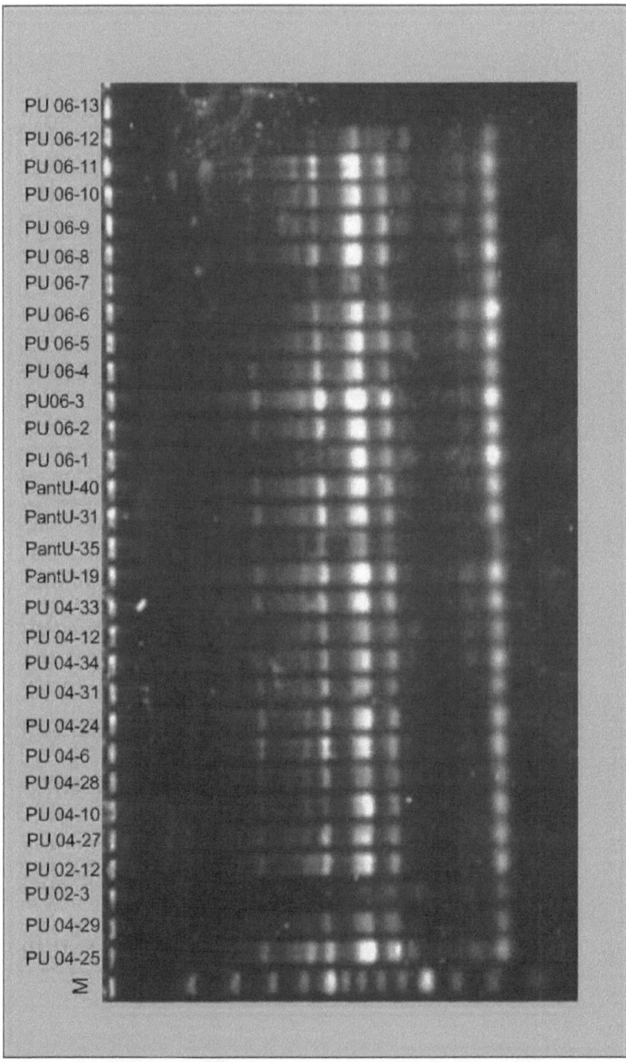

Fig. 2. Perfil de ADN polimórfico amplificado ao acaso (RAPD) de 30 genótipos de grama-preta, incluindo 4 variedades de controlo. A amplificação foi efectuada com o iniciador LC 71 (5'-TGCCGAGCTG-3'). A linha M indica um marcador de ADN duplamente digerido com *EcoRI* e *Hind HI.*

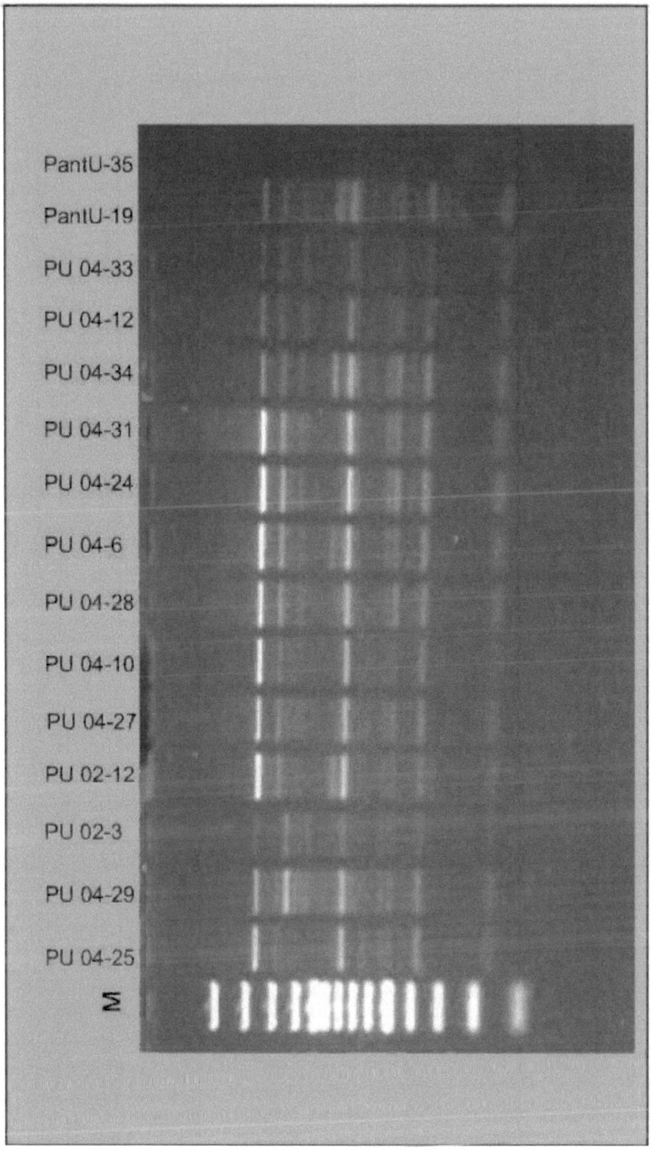
PantU-35
PantU-19
PU 04-33
PU 04-12
PU 04-34
PU 04-31
PU 04-24
PU 04-6
PU 04-28
PU 04-10
PU 04-27
PU 02-12
PU 02-3
PU 04-29
PU 04-25
M

(a)

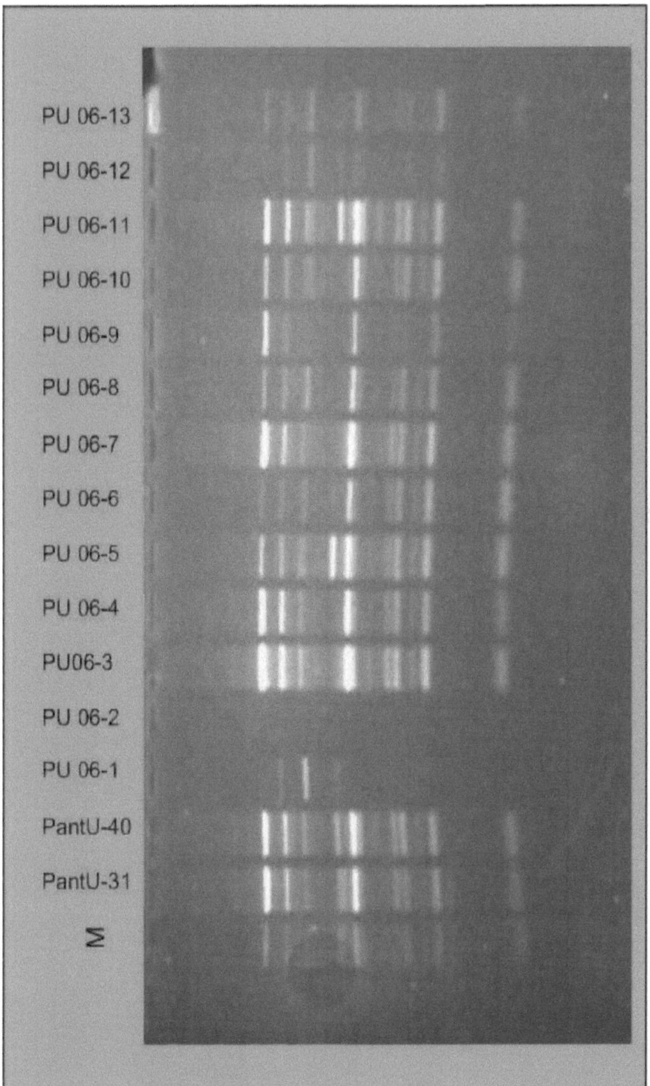

(b)

Fig. 3. Perfil do ADN polimórfico amplificado aleatoriamente (RAPD) de 30 genótipos de grama-preta, incluindo 4 variedades de controlo. A amplificação foi efectuada com o iniciador LC 74 (5'-AGGGGTCTTG-3'). A linha M indica o ADN X marcador duplamente digerido com *EcoRI* e *Hind III*.

Capítulo 5

DISCUSSÃO

Um dos principais esforços de um melhorador de plantas é a melhoria constante dos melhores genótipos disponíveis para aumentar ainda mais o seu potencial de rendimento, quer diretamente, quer através da melhoria de vários factores que contribuem indiretamente para um rendimento elevado. A metodologia de melhoramento deve, portanto, ser tal que possa incorporar as alterações favoráveis, quer através da seleção, quer através da hibridação de genótipos superiores.

O conhecimento da natureza e da magnitude da variabilidade genética é de importância primordial para o início de qualquer programa de melhoramento sistemático **(Simmond, 1983)**. A presença de uma variabilidade genética considerável no material de base aumenta as hipóteses de desenvolvimento de tipos de plantas desejáveis (**Sabharwal *et al.* 1995)**. O rendimento é um carácter poligénico complexo e resulta da interação de vários factores genéticos e ambientais.

Os materiais experimentais para o presente estudo incluíram 30 genótipos juntamente com 4 controlos: Pant U-19, Pant U-31, Pant U-35 e Pant U-40. O experimento foi plantado em julho de 2006, em blocos completos casualizados (RCBD) com 3 repetições. Cada parcela era composta por seis linhas de 4 m de comprimento. Foi seguido um espaçamento de 30 x 10 cm. As práticas culturais normais foram seguidas para o cultivo dos genótipos.

A grama-preta ou feijão-frade [*Vigna mungo* (L.) Hepper] é uma das mais importantes leguminosas cultivadas em diferentes estações do ano na Índia. Apesar dos esforços consideráveis dos criadores de plantas durante a última década, não se registou um aumento substancial da produtividade da grama negra devido à utilização de material de base menos diversificado ou à falta de diversidade genética utilizável para melhoramento. O presente estudo foi realizado para elucidar as variações entre linhas derivadas de gerações segregantes avançadas (F5 e F6) de combinações cruzadas iguais ou diferentes. Vinte e seis linhas de elite selecionadas, provenientes de 6 cruzamentos intra-específicos (6 grupos), a saber Pant U 30 x UPU97-10 (grupo I), Pant U 19 x UPU97-10 (grupo II), Pant U 30 x UK 17 (grupo III), Pant U 19 x UK 17 (grupo IV), UPU97-10 x Pant U 30 (grupo V), Pant U 35 x DPU88-31 (grupo VI) foram submetidas a avaliação do rendimento e dos seus componentes, juntamente com quatro controlos (Pant U-19, Pant U-35, Pant U-31 e Pant U-40).

No contexto dos aspectos acima referidos, o presente inquérito foi realizado para avaliar:

5.1 Análise de variância para caraterísticas de rendimento e componentes de rendimento.

A existência de variabilidade suficiente numa cultura é um requisito inevitável para um melhoramento eficaz da cultura. Em geral, entre as culturas de leguminosas, o melhoramento varietal do grama-preta está centrado na utilização de germoplasma limitado no programa de melhoramento. Não foi dada muita atenção à utilização de germoplasma de parentes selvagens ou de germoplasma mais diversificado. Até recentemente, foram iniciados alguns trabalhos no sentido de alargar a base genética do blackgram através da hibridação, desenvolvendo novos tipos de plantas e cruzamentos interespecíficos envolvendo os seus antepassados selvagens e espécies semelhantes ao feijão-mungo. Os genótipos incluídos nos diversos grupos podem ser utilizados como pais promissores em cruzamentos para obter uma resposta heterótica elevada e melhores segregantes.

No presente estudo, a análise de variância para diferentes rendimentos e suas caraterísticas contributivas indicou que existe variação suficiente entre os genótipos, como revelado pelas estimativas significativas dos quadrados médios para diferentes caracteres. Em alguns caracteres, o bloqueio foi eficaz na redução do erro experimental até certo ponto, como revelam as estimativas significativas do quadrado médio de replicação.

Embora o rendimento de grãos tenha mostrado uma variação fenotípica significativa entre os grupos III vs. grupo IV, controlos vs. grupo V, foram observadas variações não significativas nos genótipos pertencentes ao grupo III. A variação altamente significativa dentro dos genótipos nos grupos I, II e IV para o rendimento de grãos indicou a eficiência das selecções na direção desejada para alcançar um maior rendimento de grãos.

Os ramos primários/planta e o comprimento da vagem apresentaram uma variação não significativa com o grupo de controlo, exceto no grupo 6 (ramos primários/planta) e no grupo V (comprimento da vagem). Isto indica que a arquitetura das plantas de grama preta deve ser melhorada na direção desejada para aumentar a variação nestes caracteres. As estimativas não significativas dos quadrados médios para a altura da planta dentro do grupo II e do grupo III indicaram que os genótipos que compõem estes grupos eram bastante semelhantes na estatura da planta. Estimativas semelhantes não significativas de quadrados médios para ramos primários/planta dentro dos grupos III e IV sugerem que o carácter tem pouca variação entre os genótipos que compõem estes grupos. Observações semelhantes foram registadas por **Kumar e Reddy (1986)**, onde a altura da planta, ramos/planta, cachos/planta e vagens/planta apresentaram a maior diversidade. **Rao (1995)** também sugeriu que a seleção de plantas individuais para uma produção elevada, sementes/planta e ramos primários/planta seria eficaz para melhorar a produção de sementes. **Sharma *et al.* (2000)** também observaram uma grande variabilidade em 87 linhas/cultivares de grama preta para todos os caracteres em dois anos, exceto para os dias até à maturidade.

5.2 Coeficientes de correlação

O rendimento é um carácter complexo e altamente variável e é o resultado do efeito cumulativo dos caracteres que o compõem, pelo que a seleção direta para o rendimento *per se* pode não ser muito eficaz. Os componentes do rendimento podem não ser sempre independentes na sua ação, mas podem estar interligados. A seleção praticada para um carácter pode simultaneamente provocar alterações noutros caracteres relacionados. Assim, para levar as mudanças no rendimento e noutros caracteres a uma direção desejada, é necessário compreender corretamente a associação entre o rendimento e os caracteres que contribuem para o rendimento. Isto pode ajudar na seleção dos caracteres associados à maior expressão de rendimento e no melhoramento de um carácter sem perder muito nos outros caracteres.

Se a associação for positiva, pode acelerar consideravelmente a taxa de progresso genético, enquanto que uma correlação em sentido negativo retardará o progresso genético. A correlação entre os caracteres resulta das ligações entre os genes que determinam os dois caracteres. No entanto, o fenómeno da pleiotropia pode também ser responsável por esta situação.

No presente estudo, os coeficientes de correlação inter-caracteres foram estimados aos níveis fenotípico, genotípico e ambiental. As estimativas dos coeficientes de correlação genotípica foram, em geral, de maior magnitude do que os respectivos coeficientes de correlação fenotípica.

Os resultados do presente estudo revelaram que a produção de sementes/planta teve uma correlação positiva e altamente significativa com os dias até à maturação, os cachos/planta e as vagens/planta a nível genotípico. A nível fenotípico, o número de ramos primários também apresentou um coeficiente de correlação positivo e altamente significativo. Estas constatações estão de acordo com **Rani *et al.* (1981)**, que concluíram que as vagens/planta, o peso de 100 sementes e as sementes/planta apresentavam correlações altamente positivas com o rendimento de grão da grama preta. Também de acordo com **Muthiah *et al.* (1981),** o número de vagens e o número de cachos estavam positivamente correlacionados entre si e com todas as outras caraterísticas, exceto o peso de 100 sementes. A produção de vagens e o número de vagens foram as caraterísticas mais importantes para determinar a produção de sementes/planta. Um estudo semelhante efectuado por **Wanjari (1988)** revelou que o número de vagens, o comprimento das vagens e o número de cachos/planta estavam positivamente associados ao rendimento de grão da grama preta. De acordo com **Patil e Narkhede (1987),** o rendimento foi significativamente correlacionado com vagens/planta, peso de 100 sementes, comprimento da vagem e sementes/planta. As vagens/planta e o peso de 100 sementes foram os componentes mais fiáveis na seleção de genótipos de elevado rendimento. A correlação positiva mais elevada com a produção de sementes/planta foi encontrada para o número de vagens/planta num estudo de **Raut *et al.* (1990).**

O rendimento/planta apresentou uma correlação altamente significativa e negativa com o peso de 100 sementes. Apesar de alguns estudos indicarem que a seleção de sementes arrojadas é eficaz para melhorar o rendimento/planta. Os pontos de vista de **Verma (1992), Renganayaki e Sreerangasamy (1992), Mahto e Mahto (1997), Pariya *et al.* (1999), Isaacs *et al.* (2000),** que sustentam que o rendimento está positiva e significativamente correlacionado com o peso de 100 sementes, estão em desacordo com os resultados do presente estudo. A possível explicação para isso pode ser que a relação fonte-dreno pode ser prejudicada quando o aumento do tamanho da semente pode ser um fator limitante para o aumento de sementes/pod ou cachos/planta ou pods/planta.

O comprimento da vagem (0,089) e os ramos primários/planta (0,191) apresentaram uma correlação positiva mas não significativa com o rendimento/planta. Estes resultados estão de acordo com
Prabahar e Ganapathy (1996), Natarajan e Rathinasamy (1999), Vaithiyalingan *et al.* (2002), Sagar e Sekhar (2001).

Os dias até 50% de floração mostraram uma correlação negativa significativa com o rendimento de grãos/planta. Isto indicou que o melhoramento para floração precoce pode ser feito com cautela para que o rendimento não seja prejudicado ao utilizar diversas germplam. Este facto não está em conformidade com os resultados de **Mahto e Mahto (1997) e Pariya *et al.* (1999)**, que verificaram que os dias até 50% de floração e os dias até à maturação apresentavam uma correlação genotípica significativa e positiva com a produção de sementes.

As sementes/ vagem apresentaram uma correlação negativa mas não significativa com o rendimento/planta. Isto indica que a seleção para aumentar o comprimento da vagem no presente estudo, que resulta num maior número de sementes/vagem ou num tamanho de semente maior, pode não ser uma proposta atractiva. A variação observada também não foi suficiente para orientar as metas de melhoramento para este objetivo. Mas opiniões contraditórias foram relatadas por **Renganayaki e Sreerangasamy (1992), Isaacs *et al.* (2000).**

5.3 Variabilidade.

A variação intra-específica e inter-específica é o pré-requisito para o início de qualquer programa de melhoramento de culturas. É na variação que se baseia a seleção das caraterísticas desejadas pelo melhorador de plantas. A variação relativa a caracteres quantitativos e qualitativos na grama-preta tem sido pouco abordada quando comparada com outras culturas. No presente estudo, o objetivo foi a avaliação da variação morfológica quantitativa. A variação medida pelo intervalo, coeficiente de variação (CV %) e GCV e PCV apresentados no Quadro 4.1.3.1 indicaram que a extensão da variação não é igual para diferentes caracteres. A altura da planta, os cachos/planta, as vagens/planta e o rendimento/planta apresentaram uma gama de valores mais elevada em comparação com outros caracteres. As expressões destes caracteres também foram influenciadas pelo ambiente, como é evidente pelos seus baixos valores de hereditariedade.

Diferenças muito pequenas entre GCV e PCV foram observadas para dias até 50% de floração e dias até a maturidade, indicando que o efeito do ambiente sobre essas caraterísticas é baixo. Foram encontradas altas estimativas de herdabilidade para dias até 50% de floração (80,8%) e dias até a maturidade (68,4%). Essas observações estão de acordo com **Savithramma *et al.* (1999).** Alta herdabilidade e baixo avanço genético também foram observados para sementes/pod, comprimento de vagem e peso de 100 sementes. A alta herdabilidade e o baixo avanço genético observados para esses caracteres indicam que as variâncias de dominância ou epistáticas desempenharam um papel importante na regulação dessas caraterísticas.

Foram obtidos valores mais elevados de GCV e PCV para a produção/planta, vagens/planta, cachos/planta, altura da planta e ramos primários/planta. **Natarajan e Rathinasamy (1999)** também observaram PCV e GCV elevados para a produção de sementes e altura da planta. Isto indica que a seleção para estes caracteres na geração segregante para o desenvolvimento de linhas de elite pode ser orientada na direção desejada. A variação para estes caracteres pode ser utilizada pelo criador em futuros programas de melhoramento.

Foi observado um elevado avanço genético esperado em percentagem da média, juntamente com uma hereditariedade moderada para vagens/planta. O elevado avanço genético, associado a uma hereditariedade moderada, indica uma ação genética não aditiva e a influência do ambiente nos caracteres. **Kumar e Reddy (1986)** também observaram que as vagens/planta, o comprimento das vagens, as sementes/planta, o peso de 100 sementes e o rendimento/planta registaram uma hereditariedade e um avanço genético baixos a moderados. Enquanto **Patil e Narkhede (1987) registaram** herdabilidades elevadas e um elevado avanço genético esperado para o rendimento/planta, o comprimento da vagem e a altura da planta. **Gowda *et al.* (1997) obtiveram** valores elevados de hereditariedade associados a um avanço genético mais elevado para o rendimento de grãos/planta e vagens/planta; alta hereditariedade em conjunto com avanço genético médio para o peso de 100 sementes e ramos/planta.

Os baixos valores de GCV e PCV para os caracteres dias até 50% de floração, dias até à maturidade, comprimento da vagem, sementes/vagem e peso de 100 sementes indicaram que os esforços de melhoramento devem ser direcionados para o aumento da variação para estes caracteres. Isto pode ser conseguido através da introgressão de diversos genes utilizando espécies selvagens e parentes próximos.

5.4 Estudos com marcadores moleculares RAPD

A evolução das variedades em zonas agro-climáticas distintas demonstra níveis significativos de variação em resposta à seleção nas zonas **(Singh *et al.* 1988)**. Por vezes, os criadores também aplicam diferentes critérios de seleção nas descendências de cruzamentos inter varietais durante o melhoramento por recombinação. Por conseguinte, não é surpreendente encontrar níveis significativos de polimorfismo entre os 30 genótipos de grama preta nos marcadores RAPD. A técnica RAPD foi aplicada para avaliar o polimorfismo molecular em *Vigna* (**Kaga *et al.*,.1996**), no feijão-mungo **(Santalla *et al.*, 1998; Lakhanpaul, 2000)**, no grão-de-bico **(Sonnante *et al.*, 1997)** e no grão-preto **(Souframanien e Gopalakrishna, 2004)**, na ervilha **(Simioniue *et al.*, 2002)**, feijão bóer **(Ratnaparkhe *et al.*, 1995)** e feijão-frade **(Mignouna *et al.*, 1998).** O sucesso deste estudo na identificação do polimorfismo deve-se à utilização de uma série de iniciadores altamente informativos selecionados aleatoriamente.

Os 10 iniciadores RAPD no presente estudo produziram 89 marcadores polimórficos que discriminaram inequivocamente 30 genótipos em 4 grupos. É evidente a partir do dendrograma derivado de RAPD que, exceto PU04-25, todos os outros genótipos eram semelhantes em mais de 75%. Do mesmo modo, o genótipo PU06-1 separou-se dos outros com uma semelhança de 81%. Surpreendentemente, os restantes 28 genótipos foram diferenciados num agrupamento maior (agrupamento III) que inclui 23 genótipos e outro agrupamento (II) que inclui 5 genótipos. Isto indica que a variação observada nos caracteres morfológicos não está a ser traduzida por variação molecular. Também se pode notar que a variação molecular revelada pela técnica RAPD pode nem sempre ser aplicável porque não reflecte a relação funcional do genoma com a expressão dos caracteres na planta.

O dendrograma RAPD não apresentou agrupamentos discriminantes de acordo com a origem dos diferentes cruzamentos intra-específicos (grupos). Todos os genótipos de elite e controlos apresentaram mais de 75% de semelhança e, na maioria dos genótipos, a semelhança varia entre 90-100%. O maior grau de semelhança neste pedigree pode explicar o elevado grau de proximidade entre os genótipos estudados. Isto é confirmado pela semelhança de 100% entre dois controlos Pant U-19 e Pant U-35, descendentes do cruzamento UPU 1 UPU2 e UPU3 Pant U 19, respetivamente. Resultados semelhantes foram obtidos em blackgram por **Gaffor *et al.* (2001)** e **Souframanien e Gopalkrishna, (2004).**

As populações geograficamente isoladas acumulam diferenças genéticas à medida que se adaptam a ambientes diferentes. A variação genética entre genótipos de elite de grama-preta com base na análise RAPD pode ser útil para selecionar progenitores a cruzar para gerar populações adequadas destinadas tanto à cartografia do genoma como ao programa de melhoramento.

O agrupamento dos genótipos dentro do grupo não foi semelhante quando o dendrograma derivado do RAPD foi comparado com o agrupamento derivado do pedigree. Esta diferença pode ser atribuída ao erro de amostragem do marcador e/ou ao nível de polimorfismo detectado, reforçando mais uma vez a importância do número de loci e da sua cobertura do genoma global na obtenção de estimativas fiáveis da relação genética entre cultivares **(Loarce *et al.* 1996).** As bandas supostamente semelhantes originadas por RAPDs em indivíduos diferentes não são necessariamente homólogas, embora possam partilhar o mesmo tamanho em pares de bases. Esta situação induz-nos em erro quando calculamos as relações genéticas **(Fernandez *et al.* 2001).**

Os dendrogramas não indicaram qualquer padrão claro de agrupamento de acordo com o pedigree do cruzamento intervarietal do qual foram derivados. Resultados semelhantes foram obtidos no feijão Adzuki **(Yee *et al.*, 1999)** e no amendoim **(Dwivedi *et al.*, 2001).**

A análise RAPD também confirmou a presença de variação não significativa entre grupos. Com base no rendimento do grão, na duração da maturação e noutros caracteres, foram identificados cinco genótipos, nomeadamente: PU 04-25, PU 06-2, PU 06-4 (do grupo I), PU 04-10 (grupo III) e PU 04-28 (grupo V), para testes posteriores. A base genética estreita das linhas estudadas revelou-se por baixas variações entre grupos; isto sugere a necessidade de incorporação de genes ocultos de antepassados selvagens, a fim de alargar a base genética do grama-preta. Os cruzamentos interespecíficos com feijão-mungo ou com progenitores selvagens podem contribuir significativamente para atingir este objetivo.

Diagrama esquemático da origem dos genótipos estudados e das principais variedades de grama-preta

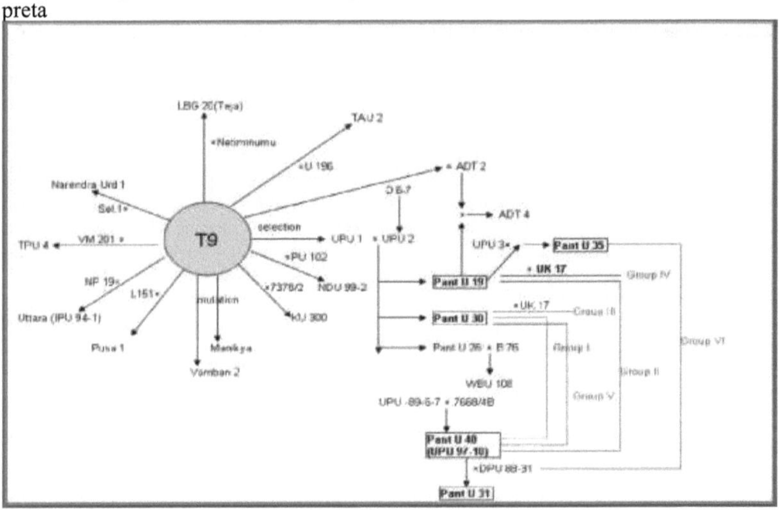

RESUMO E CONCLUSÕES

O presente estudo, intitulado "Avaliação da variação morfológica e molecular em algumas linhas de elite de grama-preta (*Vigna mungo* (L.) Hepper)", foi realizado com os seguintes objectivos: estudar a associação entre caracteres de importância económica, avaliar a variação genética entre linhas de grama-preta selecionadas, derivadas de gerações segregantes avançadas de combinações cruzadas iguais e diferentes, e analisar molecularmente a semelhança ou dissemelhança utilizando a técnica RAPD. A experiência foi realizada durante a *Kharif* 2006-2007 com 30 genótipos em blocos completos aleatórios com 4 controlos (Pant U-19, Pant U-31, Pant U-35 e Pant U-40) no Crop Research Centre, G. B. Pant University of Agriculture and Technology, Pantnagar.

Os dados foram registados para 10 caracteres morfológicos em 30 genótipos, nomeadamente, dias para a floração, dias para a maturação, altura da planta (cm), ramos primários/planta, cachos/planta, vagens/planta, comprimento da vagem (cm), sementes/vagem, peso de 100 sementes e rendimento/planta. A análise de variância mostrou que as estimativas de variância foram significativas para todos os caracteres em estudo. O desempenho médio de 30 genótipos de grama preta, categorizados em 7 grupos com base na relação de pedigree, revelou que as diferenças entre grupos não foram significativas para a maioria dos caracteres. A ANOVA de grupo, na qual as variâncias genotípicas foram divididas em componentes que consistiam em variâncias intra e intergrupos, mostrou que os dias até 50% de floração tinham estimativas significativas do quadrado médio para controlos vs. outros, especificamente altamente significativas com o grupo III e IV e a variância estimada dentro do grupo também é significativa no grupo I, II, III e IV. Estimativas significativas de quadrados médios apenas com os grupos III e IV para dias até à maturidade e dentro dos grupos I, II, III, IV e entre os grupos I & II e I & III. A altura da planta só apresentou estimativas significativas de quadrados médios dentro dos grupos I e IV; entre os grupos I e II, grupos VII (controlos) vs. I, VII vs. V. Não se observou muita variação para ramos primários/planta, nem dentro do grupo nem entre grupos. Apenas foram estimados quadrados médios significativos dentro dos grupos I e II, entre o grupo de controlo e o grupo VI. Foram observadas estimativas significativas dos quadrados médios para os cachos/planta dentro dos grupos I, II, III, IV e entre os controlos e os outros grupos. A variação entre o grupo II vs. III e o grupo III vs. IV também foi significativa para os cachos/planta. As vagens/planta apresentaram estimativas significativas de quadrados médios dentro dos grupos I, II, III e IV, mas o grupo I vs. grupo II e o grupo II vs. grupo II não foram considerados significativos. Embora os quadrados médios dentro do grupo tenham sido considerados significativos para o comprimento da vagem, entre grupos ou com controlos os quadrados médios não foram considerados significativos, exceto controlos vs. Grupo V. Estimativas de variância não significativas observadas dentro do grupo IV e entre os grupos II vs. III para sementes/vagem. Também se observou um quadrado médio significativo para o controlo vs. Grupo II, II, III e IV. Quando comparados com o controlo, os genótipos diferiram significativamente para o peso de 100 sementes, o que se deve a variâncias significativas entre o controlo e os grupos I e II, mas foram observadas variâncias não significativas para os grupos I e II e II e III. Apenas o grupo V diferiu significativamente do controlo no que diz respeito ao quadrado médio estimado para a produção/planta. Mas também foram observados quadrados médios significativos nos grupos I, II e IV. O rendimento/planta apresentou uma correlação positiva altamente significativa com os dias até à maturidade (0,677), cachos/planta (0,936) e vagens/planta (0,938), enquanto que uma correlação negativa altamente significativa com o peso de 100 sementes (-0,359). O comprimento das vagens (0,089) e os ramos primários/planta (0,191) apresentaram uma correlação positiva mas não significativa com o rendimento/planta. Os dias até 50% de floração apresentaram uma correlação negativa significativa, enquanto a altura da planta (-0,066) e as sementes/planta apresentaram uma correlação negativa, mas não significativa, com o rendimento/planta.

É evidente a partir deste estudo que o PCV estimado foi maior do que o GCV para todos os caracteres em estudo. O estudo comparativo do coeficiente de variação em vários caracteres revelou uma contribuição relativamente alta da variação genotípica na determinação da variação fenotípica total para a maioria dos caracteres. As vagens/planta exibiram o maior GCV (15,87%) seguido pelo rendimento de grãos/planta (14,61%), altura da planta (12,23%) e cachos/planta (11,81%). O menor GCV (1,19%) foi observado para dias até a maturidade. O rendimento de grãos/planta apresentou o maior PCV (27,29%), seguido por vagens/planta (23,48%), cachos/planta (21,54%), altura da planta (20,83%) e ramos primários/planta (18,18%). O menor PCV (3,87%) foi observado para o comprimento da vagem. A variação do ECV foi observada (1,796%) para comprimento de vagem a (23,956%) para produção/planta. O valor mais alto de herdabilidade estimada (sentido amplo) foi obtido para dias até 50 % de floração (80,8 %), seguido por vagens/planta (78,4 %), comprimento de vagem (78,5 %), sementes/vagem (74,4 %), peso de 100 sementes (71,1 %) e dias até a maturidade (68,3 %). As estimativas de hereditariedade em sentido amplo não foram altas para os caracteres viz., altura da planta (34,5 %), ramos primários/planta (30,9 %) e cachos/planta (30,0 %) e rendimento/planta (28,6 %). As vagens/planta apresentaram valores moderados de hereditariedade (0,45%). O avanço genético em percentagem da média de vagens/planta apresentou o valor mais elevado (22,0%), seguido do rendimento/planta (16,1%), altura da planta (14,7), cachos/planta (13,3) e peso de 100 sementes (10,8%).

Os dados do perfil de ADN para os sistemas de marcadores RAPD foram apresentados utilizando o termo "unidade de ensaio". A amplificação do ADN genómico dos 30 genótipos, utilizando 10 iniciadores para a análise RAPD, produziu 89 fragmentos que foram pontuados. Todos os iniciadores escolhidos amplificaram fragmentos nos 30 genótipos estudados, com o número de fragmentos amplificados variando de 5 (LC 97) a 12 (LC 73 e LC 110) e que variaram em tamanho de 200 pb a 2500 pb. Das 89 bandas amplificadas, 68 eram polimórficas, com uma média de 6,8 fragmentos polimórficos/primer. A percentagem de polimorfismo variou entre 60,0% (LC-97) e um máximo de 83,3% (LC-73), com uma média de 75,71% de polimorfismo. Apenas três dos 10 iniciadores apresentaram mais de 80% de polimorfismo.

Dois genótipos (PU06-1 e PU04-25) agruparam-se em dois grupos diferentes mais afastados - grupo I e grupo II, respetivamente. Enquanto os restantes 28 genótipos foram diferenciados num agrupamento maior (agrupamento III) que inclui 23 genótipos e noutro agrupamento (II) que inclui 5 genótipos. O maior agrupamento foi ainda subdividido em dois subagrupamentos, nomeadamente o subagrupamento II-1, constituído por 21 genótipos, e o subagrupamento II-2, constituído por 2 genótipos (PU06-5 e PU06-6). No subagrupamento II-1, os genótipos PU04-12, PU06-10, PU06-13, PU06-11 e PU06-12 apresentaram um coeficiente de semelhança de valor "1" e estes quatro genótipos apresentaram coeficientes de semelhança iguais aos de todos os outros genótipos. Do mesmo modo, PU06-4 e PU06-9 também apresentaram um coeficiente de similaridade de valor "1". O mesmo valor do coeficiente de similaridade foi observado entre Pant U-19 e Pant U-35 (0,96); entre PU06-7 e PU06-8 (0,96); PU06-5 e PU06-6 (0,96); Pant U-31 e PU06-3 (0,98); PU04-6 e PU04-28 (0,98). A elevada quantidade de semelhança entre os genótipos é o resultado da derivação de alguns genótipos de antepassados comuns. Mesmo os diferentes progenitores que contribuíram com genes para as linhas elites estavam de alguma forma relacionados, quer de perto quer de longe, com uma variedade de grama preta amplamente adaptável do passado, ou seja, o tipo 9

A análise RAPD também confirma a presença de variação não significativa entre grupos. Com base no rendimento do grão, na duração da maturação e noutros caracteres, foram identificados cinco genótipos, nomeadamente PU 04-25, PU 06-2, PU 06-4 (todos do grupo I), PU 04-10 (grupo III) e PU 04-28 (grupo V), para testes posteriores. A estreita base genética das linhas estudadas, revelada por baixas variações entre grupos, complementadas por perfis moleculares, sugere a incorporação de genes ocultos de antepassados selvagens, a fim de alargar a base genética do grama-preta. Os cruzamentos interespecíficos com feijão-mungo ou com progenitores selvagens podem contribuir significativamente para atingir este objetivo.

REFERÊNCIAS

Ahamed, M. L. e Salimath, P. M. 2002. Correlação e análise de caminho de caraterísticas morfo-fisiológicas em blackgram. *New Botanist,* **29**(4): 103-108.

Allard, R. W.1960. Principles of plant breeding. Willey, NewYork, 485pp.

Bakshi, A. e Ghoshdastidar, K. K. 2004. Estudo da variabilidade genética do blackgram. *Indian Agriculturist*, **48**(4): 149-152.

Bakshi, A.; Bala, S. e Ghoshdostisder, K. K. 2006. Associação de caracteres para componentes de rendimento de sementes em blackgram (*Vigna mungo* (L.) Hepper). *Environment and Ecology,* **24**: 943-945.

Benko Iseppon, A. M.; Resende, L. V.; Kahl, G. e Simon, M.V. 2007 Diversidade genética e relações filogenéticas no germoplasma de *Vigna* Savi reveladas por impressão digital de amplificação de DNA. *Genoma,* **50**(6): 538-547.

Bhagowati, R. R. e Hazarika, G. N. 2001. Correlação e análise do coeficiente de caminho nas primeiras gerações de dois cruzamentos de blackgram. *Journal of the Agricultural Science.* Sociedade do Nordeste da Índia, **14**(2): 146-154.

Burton, G. W.1952. Quantitative inheritance in grasses *Proc.* 6th In Grass Land Cong, **1**: 277-283.

Dikshit, H.; Jhang, T.; Singh, N.; Tickoo J. e Sharma, T. I. 2007. Genetic differenation of *Vigna* species by RAPD, URP and SSR markers (Diferenciação genética de espécies de *Vigna* por marcadores RAPD, URP e SSR). *Biologia Plantrum*, **51**(3): 451-457.

Dwivedi, S. L.; Gurtu, S.; Chandra, S. ; Yuejin, W. ; Nigam, N. 2001. Avaliação da diversidade genética entre germoplasma de amendoim selecionado: análise RAPD. *Plant Breeding*, **120**: 345-349.

Fernandez, M. E.; Figueiras ,A. M. e Benitoc. (2002). Utilização de marcadores ISSR e RAPD para a deteção de polimorfismo de ADN, identificação de genótipos e diversidade genética entre cultivares de cevada com origem conhecida. *Genética Teórica e Aplicada*, **104**: 845-851.

Fisher, R. A. 1920s. On the mathematical foundations of theoretical statistics. *philosophical Transactions of the Royal Society*, **222**: 309-368.

Ghafoor, A. Ahmad, Z.; Sharif, A. 2000. Análise de agrupamento e correlação em germoplasma de grama preta. *Jornal de Ciências Biológicas do Paquistão,* **3**(5): 836839.

Ghafoor, A.; Sharif, A.; Ahmad, Z.; Zahid, M. A. e Rabbani, M. A. 2001. Genetic diversity in blackgram (*Vigna mungo* L. (Hepper). *Field Crops Research*, **69**(2): 183-190.

Ghafoor, A.; Ahmad, Z.; Hashmi, N. I. e Bashir, M. 2003. Diversidade genética baseada em caraterísticas agronómicas e marcadores SDS-PAGE em relação ao padrão geográfico da grama preta (*Vigna mungo* (L.) Hepper). *Journal of Genetics and Breeding*, **57**(1): 5-14.

Gowda, M. B.; Prakash, J. C. e Shanthala, J. 1997. Estimativas da variabilidade genética e da hereditariedade em blackgram. *Crop Research,* **13**(2): 369-372.

Gupta, P.; Semwal, B. D e Dipti, Gupta. 2003. Correlation and path analysis in blackgram (*Vigna mungo* (L.) Hepper). *Progressive Agriculture,* **3**(2): 6365.

Hayes, H. K.; Immer, F. H. e Smith, D. C.1955. Methods of plant breeding. McGraw-Hill Book company, Incorporation Newyork, London, Toronto. *Edição para estudantes*: 439.

Hossain, M. A. e Wahhab, M. A. 1986. Inter-relação entre caracteres quantitativos selecionados com a produção de sementes em blackgram. *Bangladesh Association for the Advancement of Science*, **3**: 38.

Isaacs, S. M.; Jebaraj, S. e Ganesh, S. K. 2000. Path analysis in blackgram [*Vigna mungo* (L.) Hepper]. *Research on Crops,* **1**(3): 314-316.

Isaacs, S. M.; Jebaraj, S.; e Ganesh, S. K. 2000. Estimativas da variabilidade genética e da hereditariedade em blackgram (*Vigna mungo* (L.) Hepper). *Investigação sobre culturas,* **1**(1): 37-39.

Kaga, A.; Tomooka, N.; Egawa, Y.; Hosaka, K. e Kamijima. 1996. Relações entre espécies no subgénero *Ceratotropis* (*género Vigna*) reveladas pela análise RAPD. *Euphytica*, **88**(7): 17-24.

Kumar, M. H. e Reddy, P. N. 1986. Variabilidade e hereditariedade em progénies F3 de blackgram (*Vigna mungo* (L.) Hepper). *Journal of Research APAU,* **14**(1): 14-17.

Kumar, B. S.; Padmavathi, S.; Prakash, M. e Genesan, J. 2003. Correlation and path analysis in blackgram (*Vigna mungo* (L.) Hepper). *Legume Research,* **26**(1): 75-76.

Kumar, B. e Mishra, M. N. 2005. Character association in urdbean (*Vigna mungo* (L.) Hepper).

Environment and Ecology, **23**(2): 479-480.
Lakhanpaul, S.; Chandhu, S. e Bhat K. V. 2000. Análise do ADN polimórfico amplificado ao acaso (RAPD) no feijão mungo indiano (*Vigna radiata*). *Genetica,* **109**(8): 227-234.
Lakshmaiah, K.; Babu, P. R.; Reddy, D. L. e Babu, A. M. 1989. Estudos de hereditariedade e correlação em blackgram (*Vigna mungo* (L.) Hepper). *Journal of Research APAU,* **17**(1): 49-52.
Loarce, Y.; Gallego, R. e Ferrer, E. (1996). Análise comparativa das relações genéticas entre cultivares de centeio utilizando marcadores RFLP e RAPD. *Euphytica,* **88**: 107-115.
Lopointe, F. J. e Legendre, P. (1992). Significância estatística do coeficiente de correlação matricial para comparação de árvores filogenéticas independentes. *Syst. Biol*, **41**: 378-384.
Mahmood-ul-Hassan; Zubair, M. e Ajmal, S. 2003. Correlação e análise do coeficiente de caminho em algumas linhas promissoras de mashbean (*Vigna mungo*). *Pakistan Journal of Biological Science*), **6**(4): 370-372.
Mahto, R. N. e Mahto, J. L. 1997. Estudo de correlação e regressão em blackgram para atributos de rendimento em condições de sequeiro. *Environment and Ecology*, **15**(3): 556-558.
Mantel, N. (1967).The detection of disease clustering and generalized regression approach. Cancer Res 27: 209-220.
Mignouna, H. D.; J. IKca, e Thottapilly, G. 1998. Genetic diversity in cowpea as revealed by random amplified polymorphic DNA. *Genet. Breed,* **52**: 151159.
Mishra, R. C. 1986. Multivariate analysis of genetic divergence in blackgram. *Madras Agricultural Journal*, **73**(6): 317-320.
Muthiah, A. R. e Sivasubramanian, V. 1981. Genotypic correlations and path coefficient analysis in blackgram *Vigna mungo* (L.) Hepper. *Madras Agricultural Journal,* **68**(2): 105-109.
Natarajan, C. e Rathinasamy, R. 1999. Genetic variability, correlation and path analysis in blackgram. *Madras Agricultural Journal,* **86**(6): 228-231.
Parameswarappa, S. G.; Patil, S. S.; Parameswarappa, R. e Salimath, P. M. 1989. Avaliação da variabilidade genética e âmbito da seleção para atributos de rendimento de blackgram (*Vigna mungo* (L.) Hepper) em diferentes estações. *Karnataka Journal of Agricultural Sciences,* **2**(4): 281-285.
Pariya, M. B.; Pandya, H. M. e Dhameliya, H. R. 1999. Correlation and path analysis in blackgram. *Gujarat Agricultural University Research Journal,* **24**(2): 19-22.
Panse, V. G.; Sukhatme, P. V. 1969. Statistical Methods for Agricultural workers, ICAR, New Delhi.
Paterson; Hirshi, A. e Claudio, S. 1991. Metabolismo de purinas e pirimidinas em células de cultura de abeto branco (picea glauca): Destino metabólico de precursores marcados com c^{14} e atividade de enzimas-chave. *Physiologia Plantarum,* **108**(1): 25-33.
Patil, H. S. e Narkhede, B. N. 1987. Variabilidade, associação e análise de caminhos em genótipos de blackgram. *Journal of Maharashtra Agricultural Universities,* **12**(3): 289-292.
Prabahar, G. e Ganapathy, S. 1996. Análise de associação para rendimento e seus componentes em blackgram (*Vigna mungo* (L.) Hepper). *Crop Research,* **12**(2): 168-172.
Pradhan, K. C. e Misra, P. K. 2005. Character association in blackgram. *Environment and Ecology*, **23**: 737-742.
Raika, B. R.; Singh, M.; Gupta, S. C.; Patel, K.M. e Tikka, S. B. S. 2002. Associação de caracteres e análise do coeficiente de caminho em feijão-urd. *Agricultura Progressiva*, **2**(2): 166-168.
Rani, Y. U.; Rao, J. S.; Usha, Rani, Y. e Sakharam, Rao. J. 1981. Path analysis of yield components in blackgram. *Indian Journal of Agricultural Sciences,* **51**(6): 378-381.
Rao, V. S.; Leela, R.; Swamimathan, M. e Parpia, H. A. B. (1964). The nutritive value of the proteins of leguminous seed (O valor nutritivo das proteínas das sementes de leguminosas). *Indian Journal of Nutr. Diet.*, 1: 304.
Rao, S. S. 1992. Estimativas de hereditariedade e avanço genético em blackgram (*Vigna mungo* L. Hepper). *Indian Journal of Pulses Research*, **5**(1): 67-70.
Rao, S. S. 1995. Avanço genético e estudos de correlação em blackgram. *Current Research University of Agricultural Sciences Bangalore,* **24**(1): 4-6.
Ratnaparkhe. 1995. A comparative analysis of genetic diversity in blackgram genotypes using RAPD and ISSR markers. *Theoretical and Applied genetics,* **109**(8): 176-184.
Raut, S. K.; Sarode, R. B.; Khorgade, P. W. e Narkhede, M. N. 1990. Coeficientes de caminho e índices de seleção em blackgram. *PKV Research Journal,* **14**(2): 101-106.

Renganayaki, K. e Rangasamy, S. R. 1991. Genetic divergence in *Vigna* species (Divergência genética em espécies de *Vigna*). *Indian Journal of Pulses Research*, **4**(2): 159-164.
Renganayaki, K. e Sreerangasamy, S. R. 1992. Path coefficient analysis in blackgram. *Madras Agricultural Journal,* **79**(11): 634-639.
Robinson, H. I.; Comstock, R. E. e Harvey, P. H. 1951. Correlação genotípica e fenotípica no milho e suas implicações na seleção. *Agronomy Journal*, **43**: 282-287.
Rohlf, F. J. (2005). NTSYS-PC Sistema de Taxonomia Numérica e Análise Multivariada Versão 2.02i *Publicação Exter*, **44**(2): 76-79.
Sabharwal, P.S.; Pahyaja, S. K. e Lodhi, G. P. 1995. Avaliação do germoplasma para diferentes caraterísticas forrageiras no sorgo forrageiro (Sorghum bicolour (L.) Moench). H.A.U.J. Agricultural Research, **26**(4): 207-210.
Sagar, M. N. e Sekhar, M. R. 2001 (a). Estudos de associação de caracteres em grama preta [*Vigna mungo* (L.) Hepper]. *Madras Agricultural Journal,* **88**(4-6): 218-222.
Sagar, M. N.; Sekhar, M. R.; Reddy, G. L. K. 2001 (b). Divergência genética em grama preta (*Vigna mungo* (L.) Hepper). *Andhra Agricultural Journal*, **48**(324): 185-190.
Sajikumar, K. R. e Bai, D. I. S. e Saraswathy, P. 1998. Genetic Variability of blackgram genotypes (Variabilidade genética dos genótipos de grama preta). Journal of Tropical Agriculture, **36**(2): 18-20.
Santalla, M.; Power, J. B. e Davey, M. R. 1998. Genetic diversity in mungbean germplasm revealed by RAPD markers (Diversidade genética no germoplasma de feijão-mungo revelada por marcadores RAPD). *Plant Breeding,* **117**(5): 473-478.
Santha, S. e Paramasivam, K. 1999. Correlation and path analysis in rice fallow blackgram (*Vigna mungo*). *Madras Agricultural Journal,* **86**(7-9): 397400.
Sarker, A.; Wahhab, M. A.; Sarwar, D. M. e Begum, K. 1984. Genetic Variability and interrelationship in blackgram. *Bangladesh Journal of Agricultural Research,* **9**(2): 108-111.
Savithramma, D. L.; Shridhara, Umashankar e Shivakumar, S. 1999. Variabilidade genética e análise D2 em blackgram (*Vigna mungo* L.). *Mysore Journal of Agricultural Sciences*, **33**(1): 64-68.
Searle, S. R. 1961. Phenotypic, genotypic and environmental correlations. *Biometrics*, **17**: 474-480.
Sharma, B. L.; Singh, D. P. e Singh, K.H. 2000. Avaliação de diversas linhas/cultivares de germoplasma para rendimento e componentes de rendimento em blackgram (*Phaseolus mungo*). *Indian Journal of Agricultural Sciences,* **70**(3): 154157.
Sharma, H.; Singh, K. P.; Yadava, R. K. e Ravinder Kumar. 2004. Path coefficient analysis in blackgram type derivatives of *Vigna radiata* x *Vigna mungo* amphidiploid population. *Crop Research*, **27**(3): 294-299.
Sharma, D. K.; Billore, M. e Garg, V. K. 2006. Correlation and path coefficient analysis of some metric traits in blackgram (*Vigna mungo* L. Hepper), *Indian Journal of Tropical Biodiversity,* **13**(2): 108-110.
Simioniue, S.; Saini A.; Reddy,K.S. e Jawall, N. 2002. Avaliação de iniciadores longos para análise AP-PCR de feijão-mungo (Vigna radiata (L.) Wilczek): Relações genéticas e impressão digital de alguns genótipos. *Indian Journal of Biotechnology,*3: 511-518.
Simmond, L. P.; Pilbeam, C. J. e Kavilu, A. W. 1994. Transpiration efficiencies of maize and beans (Eficiências de transpiração do milho e do feijão). *Field Crops Research*, **41**(3): 179-198
Singh, D.P. 1991. Feijão-mungo. In: Genetics and breeding of Pulse crop. Kalyani publishers, Nova Deli: 289-306.
Singh, I. 1998. Variabilidade e correlação em blackgram. *Crop Research*, **16**(2): 220-223.
Sirohi, A.; Kalia, V.; Verma, S. e Rathee, V. K. 1994. Estudos de variabilidade em blackgram (*Vigna mungo* (L.) Hepper). *Crop Research,* **7**(3): 494-497.
Snedecor, G. W. e Cochran, W. G. 1967. Statistical method. 6th Ed., The state university press, Ames lowa, USA, 593.
Sonnante G.; Piergiovanni, A. R. e Perrino. 1996. Relações de *Vigna Unguiculata , V. Vexillata* e espécies da secção *Vigna* com base na variação de isozimas. *Genetic Resources and Crop evolution,* **43**: 157-165.
Souframanien, J. e Gopalakrishna, T. 2004. A comparative analysis of genetic diversity in blackgram genotypes using RAPD and ISSR markers. *Theoretical and Applied Genetics,* **109**(8): 1687-1693.

Umadevi, M. e Ganesan, N. M. 2006. Variabilidade, correlação e análise de trajetória para o rendimento e componentes do rendimento em blackgram. *Crop Research Hisar,* **31**(2): 253-257.
Vaithiyalingan, M. 2004. Genetic variability, heritability and genetic advance in blackgram (*Vigna mungo*). *Journal of Ecobiology,* **16**(5): 389-391.
Vaithiyalingan, M.; Chidambaram, S.; Vivekanaadan, P. e Vanniarajan, C. 2002. Correlation and path analysis in blackgram (*Vigna mungo* (L.) Hepper), *Crop Research,* **24**(1): 86-89.
Vavilov, N. I. 1950. A origem, Variação, Imunidade e Reprodução das plantas cultivadas. *Chron. Bot.* **13**: 1-364.
Veeramani; Vekatesan, N. M.; Thangavel, P. e Ganesan, J. 2005. Variabilidade genética, hereditariedade e análise do avanço genético na geração segregante de blackgram (*Vigna mungo*(L.) Hepper). *Legume Research,* **28**(1): 49-51.
Verma, S. 1992. Correlation and path analysis in blackgram (*Vigna mungo* (L.) Hepper). *Indian Journal of Pulses Research,* **5**(1): 71-73.
Wanjari, K. B. 1988. Variabilidade e associação de caracteres em blackgram (*Vigna mungo*). *Indian Journal of Agricultural Sciences,* **58**(1): 48-51.
Weder, J. K. P. 2002. Identification of food and feed legumes by RAPD-PCR. *Lebensmittel Wissenschaft Und Technologie,* **35**(6): 504-511.
Welsh, J. e Mc Clleland, M. 1990. Fingerprinting genomes using PCR with arbitrary primers. *Nucleic Acid Research,* **18**: 7213-7218.
Williams, J. G. K.; Kubelik, A. R.; Livak, K. J.; Rafalski, J. A. e Tingsey, S.V.1990. Os polimorfismos de ADN amplificados por iniciadores arbitrários são úteis como marcadores genéticos. *Nucleic Acids Research,* **18**: 6531-6535.
Yadav, D. P. e Dahiya, B. N. 2000. Contribuição de algumas caraterísticas agronómicas para a produção de sementes de grama preta (*Vigna mungo* (L.) Hepper). *International Journal of Tropical Agriculture,* **18**(3): 291-294.
Yee, E.; Kidwell, K. K.; Sills, G. R. e Lumpkin, T. A.1999. Diversidade entre acessos selecionados *de Vigna angularis* com base em marcadores RAPD e AFLP. *Crop Sciences*, **39**: 268-275.

MIX
Papier aus verantwortungsvollen Quellen
Paper from responsible sources
FSC® C105338

Printed by Books on Demand GmbH, Norderstedt / Germany